U0220738

茶生活

茶中漫步

A JOURNEY INTO TEA

陈明 编

浙江工商大学出版社·杭州

图书在版编目（CIP）数据

茶中漫步 / 陈明编. —杭州：浙江工商大学出版社，2024.3
（“茶生活”丛书/王金玲主编）
ISBN 978-7-5178-5767-9

Ⅰ. ①茶… Ⅱ. ①陈… Ⅲ. ①茶文化－中国 Ⅳ.①TS971.21

中国国家版本馆CIP数据核字（2023）第201188号

茶中漫步
CHA ZHONG MANBU
陈　明　编

出 品 人　郑英龙
策划编辑　沈　娴
责任编辑　孟令远
封面设计　观止堂_未氓
责任校对　李远东
责任印制　包建辉
出版发行　浙江工商大学出版社
（杭州市教工路198号　邮政编码310012）
（E-mail：zjgsupress@163.com）
（网址：http：//www.zjgsupress.com）
电　　话　0571-88904980，88831806（传真）
排　　版　南京观止堂文化发展有限公司
印　　刷　浙江海虹彩色印务有限公司
开　　本　880mm×1230mm　1/32
印　　张　9.375
字　　数　269千
版 印 次　2024年3月第1版　2024年3月第1次印刷
书　　号　ISBN 978-7-5178-5767-9
定　　价　108.00元

总序

王金玲

在中国社会，茶是一种生活内容。民谚所说“柴米油盐酱醋茶”中的茶，指的就是此。对大多数中国人来说，与米或面一样，茶是生活必需品；与吃饭一样，饮茶是生活中的必行之事。

在中国社会，茶也是一种生活方式。文人所云“琴棋书画诗酒茶”中的茶，礼仪所谓“客来泡茶，端茶送客”，说的就是此。对大多数中国人来说，请茶是一种生活中的礼仪。品茶是优雅生活和文化素养的一大表征，所喝之茶品质的高低是身份、名望、财富、权势等的一大体现。

在中国社会，茶还是一种生活构件乃至社会构件，并由此具有了独特的功能。比如，对大多数中国人而言，茶品是一种社交物品，茶聚是一种社交途径，茶馆是一种社交场所。故而，在中国，送人以好茶是一种社交常态，与三五好友一起品茶是一件乐事，而无处不在、层次不一的茶馆、茶室更是成为不同身份的人出于不同目的、原因交往和交流的一大场所。即使在互联网已成为人们交流和交往重要空间的今天，大小不一的茶馆、茶室仍在中国社会不时可见，在中国人的生活中发挥着重要作用。

对中国人而言，茶穿行在我们的生活中，建构着我们的生活，使我们的生活成为一种茶生活。

自从文化成为一种研究对象，直至成为一个学术门类乃至学科，有关“文化”一词的定义就层出不穷。据说，在人文社科领域，被公认的具有权威性的有关“文化”一词的定义就达一百多种。就我个人浅见来说，“文化”即赋予物、事、行为、现象等，以人类社会特有的意义。由此出发，“茶文化”就是赋予茶这一物质主体及与之相关的事物，如种茶、制茶、售茶、饮茶等，以人类社会特有的意义。故而，“碧螺春”之类的命名、武夷岩茶开采时的“喊山”、红茶销售时请有意购买者先品鉴的习俗、中国宋代的茶戏、日本的茶道，如此等等，都是茶被赋予了人类社会特有的意义后的产物，而非茶作为一种物质的本体意义所在。

茶最早是一种药物，史书载神农尝百草，日遇七十毒，得茶解之，即是。据说至今在欧洲一些国家中，作为最早从中国进口的饮品——茶，仍在药店出售。后来，茶逐渐成为饮品。据专家考证，在中国，茶作为一种饮品在社会上大量出现的时间是在汉代，而正因为成了一种具有社会性和大众性的常见饮品，茶才被思想家或文人墨客赋予了人类社会的精神意义，茶及茶饮品才从物质层面上升到文化层面，茶生活才具有了文化的意蕴，因此构建成一种文化——茶文化。

由此可见，茶的基本因子是物质，茶的缘起是生活。较之文化，对人本身而言，茶的生活性是更具基础性和根本性的特质。由此出发，当 2015 年我开始专心且认真地饮茶，力图从喝茶进入品茶的层面时，面对着茶文化的一枝独秀，我想到了“茶生活”一词。也许在这之前已有人提出“茶生活”这一名词或概念，但因我对茶领域了解不多，见少识浅，就姑且认为“茶生活”一词作为一种生活理念由我首先提出，至少在社会学界是如此——社会学是一门研究社会的学问，茶生活属于社会生活，所以，茶生活也应是社会学的一大研究对象和内容。我所提出的“茶生活”一词的基本概念是：从人的生活的层面去认知、了解茶，学会饮茶，从而使茶在提升身心健康水平，促进人与人、人与自然之间和谐相处中发挥更积极有效的作用。

以这一理念为基础，在中国社会学会领导、中国社会学会生活方式研究专业委员会领导的大力支持下，在诸多茶友的帮助下，中国社会学会生活方式研究专业委员会茶生活论坛于2015年成立，继而论坛开设了“茶生活论坛”微信公众号。茶生活论坛的宗旨是：以茶生活为核心，研究和推广良好的生活方式，从个人—家庭—社会三大层面、身体—心理—社会的适应性三大维度，全面改善和促进人的健康。以此为出发点，茶生活论坛组织茶友撰写了这一“茶生活”丛书，以交流茶知识，增进茶乐趣，拓展茶思维，深化茶感悟，提升茶生活品质，进一步以茶促进人们的健康，以茶推动社会的和谐和良性运行。

有茶缘之人，得茶之福。作者满怀幸福之感，写下有关茶生活的散文，与大家分享，愿茶香满人间，愿茶福满人间。

前言

陈明

“开门七件事，柴米油盐酱醋茶”，可见茶是人们生活中的必需品之一。茶因其悠久的历史、丰富的文化内涵和带给人们身心健康的特质，尤受人们喜爱。于是，人们对茶有了许多探讨、体会和论述。

为顺应人们对茶生活的需求和向往，中国社会学会生活方式研究专业委员会茶生活论坛于 2015 年成立。不久后，茶生活论坛推出了“茶生活论坛”微信公众号。

几年来，“茶生活论坛”公众号共发布推文约四百期，其中不少是茶友们的原创文章，这些文章涉及茶生活的方方面面，形式各异，内容丰富多彩。

为了与更多的茶友和读者分享这些难能可贵的茶生活体验和茶知识，应中国社会学会副会长、茶生活论坛“坛主”王金玲研究员的邀请，由本人负责将茶友们的原创美文编辑成《茶中漫步》一书。

《茶中漫步》共分为四辑：第一辑为“茶境访胜”，主要收录了茶友们到茶产地旅游、访问的所见所闻，反映采茶、制茶过程及在茶相关领域进行探索的文章；第二辑为“茶海探幽”，主要收录书写茶历史、与茶相关的历史人物等方面的文章；第三辑为“茶缘深深”，主要收录有关各类茶的介绍以及品鉴方面的文章；第四辑为“茶趣相随”，主要收录书写与茶有关的各类趣事、社会万象等内容的文章。

茶生活论坛旨在为茶友们提供一个相互学习、交流和分享的平台。

“茶生活论坛”微信公众号将继续收集、刊登茶友们的美文佳作，也希望茶友们继续关心和支持我们的工作。唯愿我们的工作能给大家带来健康和快乐！

2022 年 8 月 12 日

目录

茶境访胜

茶海探幽

茶缘深深

茶趣相随

茶境访胜

冬日茶，暖阳生

一碗粥

衢州地处钱塘江源头，水资源丰富，水质优良，多个水源地的水质状况达到地表水I类国家标准。

因对衢州的开化山泉慕名已久，所以2016年12月19日，中国社会学会生活方式研究专业委员会茶生活论坛第三次茶友会选择在衢州举行。

茶生活论坛成员由对茶生活研究和活动感兴趣的学者、爱好者及业内人士组成。茶生活论坛以茶生活为核心，研究和推广良好的生活方式，从个人—家庭—社会三大层面，身体—心理—社会的适应性三个维度全面改善和促进人的健康。

论坛成员首站来到开化汉唐香府传统文化主题民宿。民宿依山而建，临水而居，古色古香。

品茶、品香、插花、抚琴、书法，五种文化气息扑面而来。随处可见的精致细节，体现着民宿主人的涵养与品位。

"烧香点茶，挂画插花，四般闲事，不宜累家。"这便是南宋吴自牧笔下的《梦粱录》描绘的宋人精致生活中的四般闲事。

众茶友于廊台入座后，便由锦德堂主叶德贞为茶友演示宋代点茶：取适量特制茶粉置于盏中，把煮好的水用茶瓶注入盏中，先是调成膏状，再接着注水，用茶筅熟练搅拌茶汤，茶香便四溢开来，转眼间茶盏中乳花泛起紧贴盏壁，一盏琼乳般泡沫细腻的茶呈现眼前。茶友们专心致志学习叶老师的手法，交流心得间做出如雪的茶沫。叶老师在茶沫上写出

“茶”字，该字取自《神农本草经》。

一口下去，乳泡在口腔里有爆炸的感觉，让人感觉非常有趣，而随后的茶香更是让人充分感受到茶的本味。点茶本身所带来的极致的感官体验和艺术审美，确实是可以慰藉心灵的。

宋代点茶传达的是一种理念、一种境界、一种思维，在品茗中，可以体验茶之味，体验人生之味。

白茶的香韵还停留在齿间，汉唐香府的女主人段老师紧接着为茶友们带来香道表演。茶道是品茶，香道是品香。

香道与茶道一样，是人们对自己文化修养层面更高的追求，人们通过闻香识茶，融于大自然美妙无比的寂静中，得到精神的放松与心灵的净化。

理香灰、打香篆、点香、闻香，茶友们陶醉其中。可谓是“沉水良材食柏珍，博山炉暖玉楼春。怜君亦是无端物，贪作馨香忘却身”。

随后，开化的宋米和老师泡出云雪瑶与众茶友品尝，云雪瑶是开化定位高端的白茶品种，外形纤秀，冲泡开后，嫩绿成朵。其茶香气清鲜，

口感较为嫩而清淡，饮之回甘生津。

品茗后，有茶友随着琴音，开始禅舞，虽无固定的姿势，但舞者身心宁静，动作如行云流水般，灵动而优美。

月上柳梢，众茶友拜别汉唐香府，前往衢州市文联雅聚。

李波老师拿出珍藏的好茶与大家品鉴，席间汪老师焚香抚琴，为大家演奏《良宵吟》与《酒狂》。

燃一支香，抚一张琴，品一壶茶，说一席茶事，风雅之极。

“慢生活”不是现代人的独创，早在魏晋南北朝时期，以“竹林七贤”为首的名士们就放弃马车，乘坐牛车，他们认为在缓慢中更能体味生命的真与美。

在人们推崇“慢生活”的今日，“与茶相伴”逐渐成为人们所认同的生活方式，但大部分的人只拘泥于形式。

茶生活论坛的初心，是“悟茶之道，享自然之美好”。茶融于生活，茶就是生活。

茶生活，就是一场修行。

路尚远，可否同行？

茶香，茶聚，茶缘

董建萍

猴年的冬天，总冷不下来，但是雾多，霾多，人们比以往任何时候都盼风，盼雨，盼寒流到来。2017年1月7日，中国社会学学会生活方式研究专业委员会茶生活论坛第四次茶友会活动在台州举办。我们一行四人，在茶生活论坛“坛主”王金玲老师的带领下，从杭州出发，穿过半个浙江直奔台州椒江。那天，一路上有雾，有雨，有风，但我们的心情很兴奋。

过了三个小时左右，我们望见了前方的椒江大桥，这意味着目的地快到了。迎接我们的红卫等候已久。红卫是茶生活论坛的“副坛主”及台州地区的负责人，心思细腻，办事干练，待人热情，是公认的“靠谱哥”。他将我们领到宾馆稍事歇息。

大约从20世纪90年代起，城市中出现了一种文艺范儿十足的模式，就是将商业与文化结合在一起，打造某种“园区”或“社区”。如上海的“新天地”、北京的“七九八”、杭州的“丝联166”，聚合了一批设计机构、画廊、摄影社、创意小店等，与提升中的市民品位相匹配。现如今，这种风尚已经蔓延到二三线城市。这说明中国社会发展进入了创造财富和生活享受并重的新阶段。台州老粮坊文化创意产业园就是这样一个有文艺范儿的地方。我们的活动地点就在这里。

台州市椒江观圆茶文化中心（以下简称“观圆”）同创意园区的其他机构一样，是粮仓改建的。进入其中，首先是一座院子，灰砖和原木构成的立面清新俊朗，绿色植物生意盎然，很有点新四合院的韵味。茶室空间用了大量的玻璃，阳光可以毫无遮拦地照射进来。这里真是一个以茶会友的好地方。

这次我们去台州，还有一个重要的任务就是为观圆授“茶生活论坛基地”牌。据我所知，这是在杭州之外的第一个茶生活论坛基地。

下午 2 点半，活动开始。来自杭州、衢州、广州和台州本地的茶友济济一堂。

今天的主题是乌龙茶。活动开头安排了一个讲座。受邀专家讲解了乌龙茶中之上品——安溪铁观音。安溪何以产乌龙茶？乌龙茶又如何从一片叶子变成香茗？其中大有学问，且听福建省安溪茶业职业技术学校的专家娓娓道来。

好客的主人为我们备下了各式的安溪铁观音。

每人面前都放置了两盏茶杯，以便大家品鉴手工制作和机器制作的不同，以及制作年份的不同。

年轻的茶艺师为我们表演十八式茶礼。每一个动作都有好听的名称：凤凰点头、行云流水、游山玩水、乌龙入水、龙凤呈祥、鲤鱼翻身……

乌龙茶的清香荡漾于唇齿之间。此茶非常经泡，十几泡下来，仍然汤色鲜亮。

三十年陈炭焙乌龙茶和十五年陈炭焙乌龙茶，汤色呈蜜糖色，人称玛瑙蜜。茶味清甜，真是绝品。

我看到主人别致的分茶器，觉得很可爱，玻璃壶上贴着纯银的小鱼、荷叶、长命锁。可见主人真是爱屋及乌，爱茶爱到每一样茶器都必须玲珑精致。哦，分茶器的柄上还有一个玉石小吊坠。

我还注意到，许多茶友自备的茶杯都堪称艺术品，散发着茶文化和茶人的温婉韵味。时间过得很快，晚餐时间到了。大家起身，到院子里来拍了张合照。

主人领我们品尝了台州有名的美食：食饼筒。食饼筒在当地几乎家家会做，是过去过年过节才可以享受的美食。食饼筒的包裹物各种各样，有荤有素，都要切成丝状或条状，要炒制得比较干燥。包裹物的式样和品种，考验着主妇的厨艺，甚至代表着家庭的素养。走亲戚的人们如果吃得开心，会大加褒扬，广为传播，令一家人都感觉很有面子。自从上了《舌尖上的中国》，台州食饼筒可谓名扬天下。

包裹食饼筒的面饼，很软很薄，制作的技术含量很高。大家根据自己的喜好用面饼裹上不同的食物，卷制成形，开吃。注意，食饼筒有一头是要封闭起来的，否则会拿不起来。佐食饼筒的，不是酒，不是饮料，而是茶、粥、素汤。

餐后，大家稍事休息，夜茶跟上。

夜茶的主题是岩茶，由论坛秘书长春华献技。春华因茶艺高超，被我戏称为“博导”。

晚上我们喝的都是在座茶友们慷慨贡献的“私房茶”。我没能一一记下茶叶的名字，这里只能挂一漏万了。

首道是金玲老师带来的老枞水仙，好神奇，这种茶的茶汤是有层次的，真香啊。

接下来是2000年前后制作的“千禧茶”，由春华提供，喝起来有一种很柔和、很温暖的感觉。

“独品”，这是波哥拿来的“私房茶”的名字。这名字听起来有点吓人，我觉得茶香和茶味有点猛，令人记忆犹新。

波哥还带来一种“私房茶”，我没记住名字。这种茶是秋茶，茶中加了白茶花的花蕾，所以闻起来有茶花香。

下午表演茶艺的小姑娘虚心好学，一直站在春华背后观摩，间或伸手讨茶细品。希望年轻的茶友快快成长。

广州茶友提供了正宗的牛栏坑茶叶，俗称“牛肉”，这种茶的茶汤很漂亮，香味也很纯正。

一晃四个钟头过去了，茶真是迷人，容得下我们千般追求、万般探寻。最重要的是，茶为我们带来了纯粹、包容、雅致、温暖的感受！

雨天茶聚

董建萍

今年的梅雨被称为“暴力梅”（指雨量大、强度高的梅雨），其实江南的梅雨并不总是温柔的，除了淅淅沥沥的一面之外，天然有稀里哗啦、任意挥洒的一面，就算你河水陡涨，湖岸漫堤，它只管恣意滂沱，痛快淋漓。

在大雨天喝茶，也是一种缘分。其韵味和意境，不同平常。

这次是在浙江大学刘云老师的小院子里面。小院子不大，但是有草木，有水流，有石头。小院子里面有一间平房，对着院子的是整面的玻璃，傍着几株阔大的摇曳生姿的芭蕉。

正碰上“暴力梅”，室外大雨滂沱，玻璃墙已经变成水幕。室内煮茶的炉子散发着温热的火气。过去觉得雨打芭蕉，无非那种点点滴滴的感觉。殊不知狂风暴雨之下，这雨砸芭蕉叶子的勇猛犹如战马踩踏，或者像《十面埋伏》的琵琶乱弹，一泻千里，气势磅礴。而屋内纤纤素手，烹茶奉茶，茶水蒸腾，茶香洋溢，茶气充盈。一动一静，一快一慢，让人觉得很特别。

玻璃墙上已经蒙上了一层雾气，室外的风景因而变得不那么真实，声音似乎也渐渐飘忽。而室内品茶却渐入佳境。

我们第一道品的是老白茶里面的十年陈牡丹。此茶茶汤清澈，呈极淡的绿色，茶味甚是清透，给人很清爽的感觉，岁月的积蓄，就在那不经意间洇入了我们的身体。我们第二道品的是普洱茶中的班章（地名）芽头。此茶粗短茁壮，满身白毫。我过去没有喝过此茶。只见班章芽头茶色清冽得很，茶味幽幽，余味深长。

我们第三道品的是岩茶中著名的肉桂。肉桂的干香非常浓烈，夹杂着木香、花香、炭焙香，一鼻子吸进去，仿佛浸入了大自然之中。肉桂的茶汤口感十分浓烈，按照王金玲老师的比喻，就是个猛士，一盏下去，豪气冲天。感谢那些茶人，他们的精心制作，让我们体味到天地之精华。

我们最后一道品的是铁罗汉，也是地道的岩茶。铁罗汉的茶香茶味感觉比肉桂温和醇厚些，它的杯底香，竟至于有点奶味。褐色的茶汤，滋养着我们的心灵和身体，使人通体舒畅。

有朋自远方来，不亦乐乎！重要的是，要有个愿意以好茶待你，花时间陪你，与你把盏言欢，参悟天地之温婉的人。恰巧，再碰上一场大雨，就能把喝茶的氛围烘托到极致。人生幸事，不过如此！

茶聚龙山源

米马

2017年5月，茶友们相聚安吉龙山源，参观安吉的白茶生产基地和安吉的古迹，在青山绿水中品茶、品春天。

安吉县溪龙乡大山坞是安吉白茶国家级标准示范园。这里山峦起伏，茶园片片，碧绿连绵。安吉温润的气候、适度的雨水、充足的阳光和半山半平原的地势，孕育出了不同凡响的安吉白茶。

安吉历史悠久，这里有保存完好的古城墙，至今仍隐藏在繁茂的绿植之中。古老的墙砖缝隙中长满了青苔，一丛丛生命力顽强的绿草在微风中摇曳。古城门见证了历史的沧桑，为防止苕溪的泛滥，城门还留有防水闸的凹槽。古代护城河的印迹至今依稀可辨。护城河畔还有保存完好的古桥拱。

龙山越国贵族墓群的发现，使这里名声大振。八亩墩、九亩墩两座王陵级古墓的发现及对古城的考古发掘，将逐渐揭开龙山源神秘的面纱。

龙山源正在开发的项目内有自然清新的水流和漂亮的园区道路。各类雕塑为这里增添了艺术氛围。林中小屋配上星星点点的野花，远远望去，颇有些油画的效果。

项目主人热情地招待茶友们在基地食堂用餐。就地取材的野笋、螺蛳、野鱼、竹林鸡，味道十分鲜美。只有安吉才有的淡竹叶饮料在清凉中带有一丝酸甜。自泡的杨梅酒晶莹剔透，泡酒的杨梅来自窗外一棵枝叶繁茂的有年份的杨梅树。

午后，我们在风景优美的龙山源品茶。清纯的小慧姑娘是资深的茶艺师，她承担起茶会的泡茶任务。

首尝安吉白茶。这款明前茶，清香沁透心肺。

接着便是岩茶品鉴。

先品玉女袍老枞水仙，此茶茶汤柔顺润滑，兰香中混有青苔的清香。

再品玉女袍铁罗汉。其特点为香味霸道，沸水入盏便香气弥漫。味微涩，但回甘迅速，“岩韵”强。

再登场的是马头岩肉桂。此茶为武夷山肉桂中的佼佼者。先有浓烈的桂皮香，继而转为清雅的兰香，再呈奶香，肉桂的特征明显。马头岩肉桂的茶汤呈琥珀色，透亮，入喉有骨感。茶气充足，喝之易出汗，背部似有血脉流动之感。

压轴登场的是瑞泉肉桂。此茶的特征为香气浓郁，火功强，“岩韵”和花香明显。

通过杯盖、杯底和干茶不同的香味，有经验的品茶师可以分辨出茶叶山场的好坏和加工工艺的优劣。

岩茶具有通气、通络、通血的功效。几泡茶品尝下来，我们便觉得通体发热，气血通畅。

岩茶的茶底是极好的护肤美容品。用温热的茶底轻摩脸部，再用清水洗净，相当于茶胶敷面，让人顿觉皮肤润滑，容光焕发。

茶歇间，伴随一曲小提琴协奏曲《梁祝》，茶友们呼吸着林间春天的气息，尽情地舒展自己。

夕阳下，我们在林间小道漫步，空气清新，微风吹拂，乐不思归。

塔楼茶叙

米　马

杭州西湖文化广场的主塔楼有四十多层。我曾去过一次，居高临下，俯瞰杭州，远山、运河、西湖尽收眼底，大有“一览众楼低”的感觉。盛夏之际，我萌生了塔楼茶叙的想法。

不料顶楼虽有个名叫“西湖茶楼”的地方，实际上却是个餐馆。茶友邀请毕，却找不到合适的品茶之地，好不尴尬。好在热心朋友蒋女士关照，为我们提供了三十七楼的温馨茶叙场地。

三十七楼虽不是最高楼层，但算来也离地百米，站在大大的落地玻璃窗前，脚下的京杭大运河恰如一条缎带，蜿蜒流向远方。

按照好茶共享的茶叙惯例，大家各自带来了琳琅满目的好茶和茶点。其中，尤以茶友王金玲老师的茶最具特色。

茶友“自然之子”的茶点色彩柔和。那只鹰嘴桃更是造型别致，十分可爱。

王金玲老师带来的福州茉莉花茶，是我至今喝到过的最好的茉莉花茶。与广西茉莉花茶的香艳相比，这款茶的特点是香味雅致、柔和，且后味具有冰糖一般的甘甜。

小冯提供的英国格雷伯爵茶的茶色很漂亮。格雷伯爵茶是一种调配茶，茶中配有佛手柑油。干茶香气浓郁霸道，但茶汤入口，口感醇厚，佛手的香味融进茶香之中，反而变得柔和。格雷伯爵茶是当今世界上最流行的调配红茶之一。但是，这款与中国颇有渊源的茶，在中国市场上

反而不多见。

斯里兰卡红茶，又称锡兰红茶，与祁门红茶、大吉岭红茶并称世界三大红茶。锡兰红茶通常为碎形茶。

锡兰红茶末细碎，味道浓郁，细品有青草的清香。我感觉此茶更适合用那种脖子细长的阿拉伯铜壶煮出来，配奶、配糖喝。锡兰红茶具有特殊的功效，据说每天饮用一小杯，可以增强体质，配以柠檬，长期坚持饮用，效果更佳。

白芽奇兰产于福建，属珍稀乌龙茶中的良品。1997 年，在福建省茶叶品鉴会上，五百克白芽奇兰，曾拍出了十八万元的高价，创造了当时的乌龙茶之最。先品一款轻焙制作的白芽奇兰，此茶具有兰花香，接近铁观音。再品一款收藏已有五年以上，中焙火、属闽南乌龙的白芽奇兰。此茶味醇厚，回甘好。与上一款相比，此茶品质明显更高，茶味更偏向岩茶，杯底具有秋兰香。

接着登场的是水仙与肉桂。这两种茶属武夷岩茶的当家品种，老枞水仙则是近年来越来越受欢迎的岩茶。老枞水仙一般采摘自五六十年以上树龄的老茶树。董教授提供的老枞水仙，香味浓郁，炭焙功夫好。此茶可泡，可煮，煮之有粽叶香。

我又学到一点：矿物质含量高的茶汤，可以高过杯面而不溢。

武夷山大红袍素有“茶中状元”之美誉。此茶制作工艺精湛，茶香浓郁，滋味醇厚，属乌龙茶中的极品。今日所品的大红袍，虽非正岩地区山场出产，但香气不俗，喝来柔醇。

王老师亲自手工制作的矮脚乌龙也是难得的好茶。此茶属轻焙火乌龙茶，茶色透亮，茶香清雅，恰似不施粉黛、清新脱俗的美少女。

“晚甘侯”为本人生平第一次品尝。此茶初入口中，苦中带涩，片刻之后，便有柔和如丝般的甜味，满口留香，沁人心脾。此茶极具“岩韵”，喝之，有骨鲠在喉的感觉。此茶为高焙火品种，茶气充足，实属上品。

在高温天气，躲进高楼，观景，品茶，聊生活，不亦乐乎。

武夷山慧苑坑探茶

董建萍

2017 年 10 月，中国社会学会生活方式研究专业委员会茶生活论坛一行数人，来到武夷山茶区考察。武夷山的雄奇，闻名天下。武夷山的绝壁特别多，有如刀砍斧劈，仿佛天工神画。有的绝壁上像挂满了巨大的条幅，在随风飘逸。

武夷有好水，山溪水阔流急，清澈见底。

如此高山流水，必有好茶。热情的茶人敏女士接待我们，给我们安排住宿，预订车辆，还请我们吃当地的特色菜。

第二天，她领着我们去往大名鼎鼎的慧苑坑探茶。当地的茶山早已承包给了茶农，敏女士家在慧苑坑有好几块茶地。慧苑坑是武夷山著名的“山头”，属于正岩地区，名头响亮。对于茶农来讲，坑里有地，家里的茶叶就像有了品牌保证，很有价值。

慧苑坑是一条两山夹峙下的山缝（武夷山人称之为“坑”）。所谓“探茶”，其实就是考察武夷山岩茶的生长环境。坑底小路大多铺上石板和碎石子，间有小桥。

我们经过了著名的马齿桥，这座桥是从前留下来的，虽年代久远，但非常坚固。桥下的泉水，清亮可饮。

从坑底往上看，我们领略到了武夷山岩茶产地典型的环境地貌——“穿衣戴帽缠腰带”：云雾在山顶，像戴了帽子；满山树木郁郁葱葱，像一件衣衫；山腰条状的茶田，是山的腰带。

就连我们走的路两边以及周边山峰石崖下，也到处有一小块一小块的茶丛。 正岩地区出茶，产量不会很高。你想啊，在这么珍贵而狭小的石栎风化土壤上长出来的岩茶，能有多高产量。

慧苑坑多“高枞”，就是长得像小树一样高的茶树，采茶只要站着就可以。不像我们杭州的西湖龙井，茶丛很矮，采茶得弯下腰。

武夷山的岩石是典型的页岩，层层叠叠。我们看到山壁上有许多坑洞，据说早先有富豪举家在里面躲过匪灾。洞里有水源的话，人住上个把月不成问题。

武夷山平均湿度超过 80%，茶树树干经常布满青苔，整株青绿，有点魔幻。

武夷山茶产业自古以来有难得的共生概念和共生系统，不除草，不除虫，不施肥。草蔓、昆虫与茶共生，互相扶持，可能这是武夷岩茶韵味独特的原因之一。所以不要小看了这些路边的野花野草，它们也是茶香的一部分。

而各家茶叶香味不同，可能就是因为周边的野花野草不同吧！

当然，现在有越来越多的茶农开始施肥、剪枝，毕竟提高产量才是硬道理。

路边有芭蕉，绿叶有红边，很美。

慧苑坑很长，我们虽只探访了其中几公里，但已经领略了武夷岩茶的风韵，收获满满。感谢敏女士！

探寻正山小种的原生地

董建萍

凡是喝红茶的人，都知道大名鼎鼎的正山小种。正山小种可以说是我国红茶的源头。据说早年间，在老外眼里，中国茶就两种——绿茶和武夷茶，武夷茶就是红茶。所以，一听说要去探访正山小种的原生地，大家都很来劲。

我们去的红茶发源地位于武夷山国家级自然保护区的核心地带——桐木关，此关为武夷山八大雄关之一。进入桐木关，就正式进入了原始林区。关内生态良好，拥有“鸟的天堂”“蛇的王国”“昆虫的世界”“开启物种基因库的钥匙”等美誉。

听说桐木关进山盘查严格，看来是真的。公路沿着大山，转过一弯又一弯。没多久，我们就被一道关卡拦了下来。保安很严肃地询问检查，告诉我们这里游客不能进。我们因为事先有申请和报备，得以顺利放行。

过了关卡，汽车又走了大约一个半小时，终于来到了目的地元勋茶厂。元勋茶厂的红茶品牌正山堂正山小种享誉业内外，元勋茶厂也是著名茶品金骏眉的发明厂商。

由于不是制茶季，厂区很安静。抬眼望去，首先是一幢供青叶晾制的木楼。木楼二楼有摊晾茶叶半成品的大房间，楼板上铺着干净的芦席。元勋茶厂至今保留着正山小种最原始的制作环节：松柴熏制。

我们先来到厂史馆参观。馆内陈列着木制揉茶器、茶箩筐等工具。揉茶是制茶的重要工序，是个力气活。看着这些工具，我们似乎感受到了揉茶工人和采茶女的辛劳。

红茶是我国最早远销海外的茶品。中国红茶沿着“一带一路”中的“一带”销往远方。

还记得美国独立战争的导火索——波士顿倾茶事件吗？他们倒进海里的茶叶就是正山小种红茶，是东印度公司从中国福建贩运过去的。

武夷山的茶叶名气大起来后，有个叫罗伯特·福琼（Robert Fortune）的英国人潜入武夷山，购买了大量茶种和制茶工具，哄骗雇佣八位种茶、制茶工人去了海外。这八位福建茶人从此消失，他们的家人再也没有见到自己的亲人。这个茶叶背后的凄凉故事，让人黯然。

据说罗伯特·福琼将茶工和茶种带去了印度，在印度大吉岭种植成功，然后用武夷山茶叶的制作方式生产红茶。印度大吉岭后来成为享誉世界的茶叶产地和品牌，远销全世界，有很长一段时间，印度取代了中国，成为世界最大的茶叶出口国。改革开放后，印度茶人罗禅来到武夷山，在桐木关正山小种茶产地找到了与大吉岭一模一样的茶叶，证明了大吉岭茶叶源于武夷山。我想，世界茶叶史一定要记住那八位远去的武夷山茶工。

从陈列馆出来，我们被请到评茶室。工作人员把很多品种的茶用同样的器皿和同样温度的开水冲泡，让我们分别品尝不同的味道。大家虽然仔细品尝，但毕竟是外行，还是不甚了了，感到汗颜。

我们实地参观大半天，终于到了最惬意的时光：去客厅喝茶。

茶厂老总江元勋亲自接待我们。江元勋出身茶叶世家，其祖辈都是武夷山著名茶人，世代做茶，对武夷山的茶有着深厚的感情，亦有精湛的制茶技艺。元勋茶厂在创新茶产品外，一直保留着祖上的古法制茶技术，正山堂正山小种韵味独特，是有原因的。

我们品尝了他家的红茶创新产品金骏眉。金骏眉是用茶叶嫩芽精制的，类似于龙井茶中的明前龙井。茶芽弯弯如美人眉，茶汤呈金黄色，可以连泡十二冲而色泽不变，故而命名为“金骏眉”。但因为当时没有品牌意识，元勋茶厂没有去注册商标。所以现在市面上充斥着其他厂家的金骏眉。元勋茶厂后来注册了“正山堂”品牌，正山堂金骏眉才是正牌货。

正山堂红茶品类中有个小品种叫“正山小种野茶”，是用纯天然野生的茶叶揉制的。野茶茶汤清澈，口味极其清爽。也许有人不相信现在还有量产的野茶。据了解，因为许多野茶树分布在茫茫大山中，不具备施肥条件，故而只是采摘季节才去寻茶。野茶是有的，只是产量少而已。

桐木关访茶，不虚此行，我们学习了许多茶知识。老徐和高高还在老楼上留下了美丽的合影，可谓意外之收获。

走进瑞泉岩茶博物馆

米马

武夷山景区有座武夷山瑞泉岩茶博物馆。打造这座极有特色的博物馆的是当地一家著名的民营企业——瑞泉茶业。

瑞泉茶业是个有故事的企业。明末清初，黄氏先祖居住在武夷山水帘洞附近的瑞泉岩下，崖高涧深，一股清泉汩汩流过，黄氏先祖将泉水视为神赐之泉、吉祥之水，便给自己制作的岩茶取名为“瑞泉”。到了1982年，黄氏第十一代传人黄贤义恢复“瑞泉”的老字号，沿用传统手法和工艺进行栽种和制作，开启了瑞泉岩茶新的发展阶段。

黄贤义有三个儿子，2010年，黄贤义和三个儿子共同注册成立了瑞泉茶业有限公司。

父亲黄贤义和黄氏三兄弟各有持股，又各有分工，父亲是顾问、总监，大儿子黄圣辉主营市场营销，二儿子黄圣亮主攻制茶与技术，小儿子黄圣强侧重内务与财务。一家人心境平和，待人宽厚，对种茶、制茶有着礼佛般的虔诚之心。长子黄圣辉在掌管家族企业前曾作为天心永乐禅寺的俗家弟子修行多年，他把对佛理的领悟融入商道，广播善缘，终得善果。企业发展至今，瑞泉茶业已拥有正岩地区的茶园百余亩，年销售额达千万元。

瑞泉茶业多年来潜心研究茶文化，立志要在全国各个重要城市和世界一些国家设立茶文化传播点。于是，武夷山瑞泉岩茶博物馆便应运而生。博物馆占地约九千平方米，建筑面积约三千平方米，旨在让更多的人了解岩茶，了解蕴藏在岩茶中深厚的文化。

博物馆坐落在武夷山景区内，周边竹林幽深，清澈的崇阳溪从一旁流过，远处山峦叠翠，风景秀丽。

走进武夷山瑞泉岩茶博物馆，两株苍劲的罗汉松便映入眼帘。博物馆由倒 L 形的两层楼建筑组成，既有传统建筑前庭后院的韵味，又有现代建筑的大气。整个院落弥漫着浓烈的茶香。博物馆由制茶展厅、茶窖、茶具展厅、品茶室和特色书房等组成。

右侧一排展厅，全景展示了瑞泉岩茶做青、炒青、揉捻、焙火的制作全过程。

瑞泉茶业的茶窖看起来很震撼。茶窖每年收藏瑞泉茶业自产的各类岩茶约五千罐。仔细参观这座茶窖，俨然是在阅读一本《瑞泉岩茶品种大全》。茶窖里保留的最古老的茶产自清光绪年间。

武夷山瑞泉岩茶博物馆里还收藏有历朝历代的各式茶具，还有黄氏旧宅的纪念物。此外，武夷山瑞泉岩茶博物馆还收藏有一套文渊阁本《四库全书》影印本。

博物馆的特色书房很大气，藏书很丰富。爱书的习惯造就了黄氏兄弟儒雅的气质。

二楼的品茶室三面均为观景的大玻璃窗。透过大窗远望，青山、劲松、翠竹，俨然一幅幅绝美的图画。

在古琴和古筝声中饮茶，不失为风雅之举。

天空淅淅沥沥下起了小雨，我们在这里观景，听雨，品茶，别有一番茶意和茶趣。

秋雨竹影品瑞泉
——访瑞泉茶业

雨 竹

武夷山的瑞泉岩茶至今已有三百多年的历史。瑞泉茶业一直秉承“做好人，做好事，做好茶”的理念，敬茶、爱茶，在努力传承岩茶技艺的同时，还致力于将茶文化不断发扬光大。

瑞泉茶业的董事长黄圣辉说：“茶文化不是一个独立的文化，它是人文文化、科技文化、休闲文化、审美文化、养生文化、社交文化的综合体。”瑞泉茶业立志要在全国的重要城市以及一些国外的城市设立相关的茶文化的传播点，进而扩展到茶旅游文化、陶瓷文化、禅茶文化、茶与诗词、茶与书画、茶与音乐、茶与摄影等范围，让茶从人们生活中的物质享受提升为精神享受。

由于瑞泉茶业的人文情怀和精湛的制作技艺，他们的产品得到了市场的高度认同，瑞泉的岩茶产品享有很高的声誉。瑞泉的技术总监黄圣亮被列为首批国家级非物质文化遗产——武夷岩茶（大红袍）制作技艺的十二个传承人之一。他们开发的主要茶品有大红袍、铁罗汉、水金龟、白鸡冠、半天妖、老枞水仙、肉桂，更有精心研制开发的黄玫瑰、岩香妃等失传已久的精制品种。中央电视台《走遍中国》《快乐汉语》栏目组、日本 NHK 电视台“世界遗产”系列纪录片摄制组等媒体都来进行过采访。

有幸在武夷山瑞泉岩茶博物馆风景秀丽的景色中品茶，实为我们一行探茶者的荣幸。

天空下起了秋雨，窗外竹影婆娑，远山一片黛色。雨敲打着屋面，发

出滴滴答答的声音，真可谓品茶环境的绝配。所喝之茶皆为武夷岩茶传统制作工艺传承人黄圣亮或瑞泉茶业“内务总管”黄圣强所泡，真是难得的幸运。

岩香妃和素心兰是瑞泉茶业传统手工制作、炭火焙茶的代表之作。岩香妃是小品种茶，有茶人说，这款茶的特点是：花香中见岩骨，岩骨中透花香，犹如一位风情万种而风骨傲立的美女。

素心兰也是小品种茶，茶汤的前香是栀子花香，后香转为兰花香，汤色为温暖的黄色，汤味柔绵醇厚，茶气颇足。此茶具有一种蕴优雅、温婉、柔和于其中的强势之力，难怪同行者中有人将此茶比喻为旧时大家庭中执掌家事的主妇。

贤行天下是瑞泉茶业今年新开发的茶品，“贤”字取自黄氏兄弟的父亲、制茶总指导师黄贤义老人的名字。此为尊父之茶，是黄氏兄弟表达制茶理念之茶，也是他们希望中国文化传遍世界的梦想之茶。该茶茶汤是宁静的褐黄色，兰香淡幽，汤味纯粹、绵厚、悠长，如一位历经风雨、阅尽人间沧桑的老者，淡定从容，知足常乐。这是由单品种肉桂纯手工制成的茶，经长达二十小时的炭火慢炖细焙，去掉了肉桂原有外露的霸气，化“武力”为“和平”，亦可谓是一款“和平之茶”。

瑞泉号是瑞泉茶业以传统技艺制作的岩茶茶品的扛鼎之作之一。它的茶汤绵厚、柔和、滑顺，回甘持久。茶汤入腹后，令人通身舒泰。在绵醇的茶汤中，不时有香气跃出，一会儿是花香，一会儿是果香，难怪有茶人以“老顽童”称呼这种茶，与国学大师南怀瑾先生为该茶所题“瑞泉号”之真迹相映成趣。

茶毕，我们一行人与瑞泉茶业黄氏三兄弟合影，期待能再次来到这个雅致的空间品茶、论茶。

巡山：谷雨春茶正当时

瑞泉号

“谷雨，谷得雨而生也。”

暮春 3 月，万物遇雨而生，不知不觉到了春季的最后一个节气——谷雨。

此时，天气温和，雨水明显增多，草长莺飞，杂花生树，春花吐蕊，漫山春芽开始返青。这是一个令人身心愉悦的季节，也是体味大自然的好时节。

春雨本无味，但经其润过的春芽馥郁芳香，其中有一味最令人着迷：春茶。春茶虽非花，其味却远胜于花，宋代的杨万里如是说：“春风解恼诗人鼻，非叶非花只是香。”非常贴切地表达了对春茶的着迷。

春茶自古以来备受人们喜爱，但采茶却极为不易。能喝懂每一杯茶甘甜的人，想必也懂得采摘每一片茶叶的艰苦。在武夷山，每年春茶采摘之前，茶人们总要做足各种准备，而谷雨时节巡山，是瑞泉的茶人们一直以来最重要，也是采茶前最关键的一道仪式。

巡山，为了一片叶子而来

一个茶人，没有经常走茶山，没有亲眼见证一片茶叶怎么生长，就不好说自己是茶人，巡山就是为了遇见每一片正在生长的新芽。

春天是万物生长的最好时节，相差几天，叶子的样子便差一大截。

世间万物都讲究刚刚好，采茶制茶也是如此，早了或迟了都会影响茶叶的味道，所以才需要有经验的制茶师每年采茶前进行巡山。

做茶五十余载，“老爹”的经验在瑞泉可谓教科书级别，“观天知长势”与其说是他看茶的本领，不如说是他长久以来做茶养成的应变能力，这种能力使得他通过观测雨水便能推测出茶的长势。

即使经验丰富如他，还是会在谷雨前后不辞辛苦地走进一座座山里，巡山一遍往往是不够的，越是临近采摘，越要巡得勤。到自己的茶园里看不同茶种的长势，感知气候变化带来的影响，从而确定采摘的时间，这是“老爹”每年必做的事。

谷雨时节，落雨纷纷，茶山的路并不好走，沿山路而上，环岩石而下，一趟下来，行人的鞋子上会沾满泥土杂草。一路往返，除了巡视山中好茶，“老爹”偶尔也会停下来拾捡垃圾，或者停下来久久凝视茶山，更多时候是给我们讲解生长在茶山上的野生植物。

山上的植物数不胜数，有些看起来有不少年头了，它们和这里的茶树共存同一天地，看似无意，于无形中却丰富了岩茶的韵味。走在山中，我们不时会遇上不知源头的泉水从地下汩汩流出。泉水清清，流经茶园，成了茶叶最甘甜的滋养物。

茶人走进山中，原是为了茶叶而来，却总能在每一座大山里，寻得大自然的馈赠，看到山中一草一木、一石一泉，方明白巡山的乐趣，茶人的幸福感莫过于此。

遇好茶，自是免不了走难路

巡山这件事，听起来似乎很简单，不外乎走走山头、看看风景，其实巡山并非易事。武夷山岩茶生长的环境和其他地方不同，山上岩石很多，那些原生态的茶园的茶树大多是砌石而栽、依坡而种、就坑而植的。

瑞泉几十处的茶园几乎都是隐藏在峰岩之中的。这些山峰整体高度落差大，高低起伏，重峦叠嶂。这样的茶园在原始植被的保护下，零星错落地分布在丛林深处，出产的茶的品质得天独厚，可谓上乘。

奇山出好茶，山奇路多险，因此，茶园的管理会有诸多不易。上山下山，攀缘峭壁，险走古茶道，辟荒野小径，遇上春季多雨时，山路泥泞，稍有不慎，鞋底就会打滑。

在外人看来，崎岖的茶道，对于茶农来说，算不了什么，要出好茶，须有风雨兼程的从容。站在山头，回望来路，才会油然生出对茶人们的敬佩之心，也愈发能理解茶人爱茶惜茶的心情，因为每一片茶叶，都是他们的心血之作。

坚守传统，就是坚守茶的本味

除了巡山，每年开山前，祭拜山神、茶神也是武夷山茶人们必须举行的仪式。

在古人眼里，万物都有神灵庇佑：海有海神，河有河神，山有山神。人类知道自己从自然中走来，并且时刻依赖着自然而生存，于是在信仰中吟诵自然，感恩自然，敬畏自然。

一方山水一方神。在长期与山水共生中，武夷山的茶人信仰的山神、茶神、土地神等，不外乎都与山有关，其中对茶神的信仰更甚。祭祀茶神是茶农们每年要举行的仪式，是为了表达他们对茶神的感激。

有智慧的劳动人民懂得，在大自然中索取，也要用自己的仪式去感恩和牢记，并通过这种方式提醒着一代又一代人守住最初的味道。

随着时代的发展，以前一些仪式都慢慢地简化了，但是当地人对这方土地的敬畏之心丝毫不减。现在，祭祀茶神，不仅仅是出于敬畏，还有感恩之情和对山水所倾注的热爱之情。

做茶即修行，是年复一年地重复着一些琐碎的程序，是一遭又一遭地奔走山头，是一场又一场虔诚的仪式，最后，献给今人的，是古人喝过的同一杯种茶、同一种味道！

诗写春日，茶煎谷雨，时光易逝，珍惜万物。

天育佳茗，沐养人生

米　马

我们的武夷山探茶之行来到天心村。这是坐落在武夷山风景名胜区核心区的村庄，号称“中国岩茶村”，全村五百多户人家中超过四百五十户从事茶业，种茶、做茶、卖茶、斗茶之风代代相传。

金秋10月，正是当年春摘的岩茶经过半发酵和烘焙之后出茶的时节，整个村庄都弥漫着茶香和炭火的香味。

好客的天沐茶业女主人邀请我们前去做客。“天沐”取意“天育佳茗，沐养人生”。天沐茶业主人陈轩生于武夷山中，其祖辈与茶结缘，至今已历十二代。陈轩的曾外祖父黄瑞喜，人称“老喜公”（只有制茶技术高超且与人为善者才被尊称为“公”）。“老喜公”最辉煌的往事是1956年被当地政府选派到泉州传授制作技术，茶农享此待遇，武夷茶乡只此一回。实质上他一生最辉煌的应该是亲手制作了难以计数的好茶，最令他欣慰的应该是祖传的技艺得以传承。

一千多平方米的茶人之家整洁大方，茶叶烘焙、储藏、品茶、居住功能一应俱全。一进室内，满屋茶香。

天沐茶业的茶山主要分布在水帘洞、龙头洞、狮子桥、佛国岩、慧苑坑等地段，均为武夷山岩茶出产的核心山场。

在这里，我第一次看到制作岩茶的炭焙坑和白色的荔枝木炭灰。炭灰的数量、烘焙的时间、炭焙的方法直接决定了茶叶的香度和质量。

春天，采茶女提篮上山，将当年的新茶采摘回家。绿色的茶，彩色的衣衫，构成了茶山特有的美景。采茶女属于采茶季的雇工，她们吃住都在业主家。我们特地去参观了她们的集体宿舍，十分整洁、舒适。

春茶经过半发酵、烘焙，秋来仓库里堆满了已经加工完毕的新岩茶。天沐茶业年产水仙、肉桂、梅占、矮脚乌龙、奇丹、北斗、奇兰、黄观音等品种的茶叶共两千余千克。

天沐茶业的女主人热情地邀请我们到宽敞的茶室中品尝她珍藏的各类岩茶。

武夷山正岩山场共有七十二平方千米。最著名的岩茶出在“三坑两涧”，即慧苑坑、牛栏坑、倒水坑、流香涧、悟源涧。陆羽在《茶经》中将茶分为三等，谓之：“上者生烂石（烂石指的是火山岩风化后的碎石土，通透性强），中者生栎壤，下者生黄土。”生长在武夷山核心山场中的茶叶正是生于“烂石”之茶，历来被茶家视为上品。

女主人拿出她珍藏的流香涧老枞水仙。我们有缘品尝香气四溢的好茶，实为幸事一桩。果不其然，此茶入口温润，令人口舌生香。茶汤的颜色晶莹剔透，极其漂亮，就是用调色板也难以调出如此色泽。极品岩茶除了山场好，还要制作技术好，其中焙火的技术很重要。好的岩茶要靠细火慢炖制成。

女主人说，古来女子端杯喝茶是有专门要求的。须得拇指、食指两指握杯腰部，中指托底，兰花指微翘，入口须得让茶汤停留，翕动双唇，满嘴滋润。品茶的姿势和程序中透着优雅的气质和浓浓的文化气息。

接着，我们品尝了慧苑坑的老枞水仙。好茶必用好水。茶圣陆羽说：“山水上，江水中，井水下。”极品岩茶用武夷山泉水泡之，色泽纯若红酒，回甘迅速，余味无穷。

第三泡为百年老枞水仙。武夷山独特的土壤、水源和岩石条件让岩茶具有“岩骨花香”——一种岩茶特有的“岩韵”和茶叶的芬芳。纯正岩茶从生长环境独有的岩土中汲取矿物质后，茶汤所呈现出来的口感、质感为“骨”，汤味含独特的“韵”，其中“岩韵”也依品茶人的味感和经验不同而有细微的差别。不同品种、不同等级的岩茶具有不同的香味，如花香、

果香、木香、奶油香、青苔香等等。

老枞水仙汤味特别柔醇，茶底用水煮开后，茶汤有浓郁的粽叶香，汤味有甘蔗的清甜，由此，茶人称之为“春粽醉柔”。有经验的茶人品茶有三闻、三看、三品、三回味。三闻为闻干香、闻盖香、闻杯底香，三看为看条索、看茶汤、看茶底，三品为嘴品、心品、身体品，三回味为香回味、色回味、舌回味。

第四泡为老树梅占。此茶由郑板桥诗“梅占百花魁”得名。全诗为“牡丹花下一枝梅，富贵穷酸共一堆。莫道牡丹真富贵，不如梅占百花魁”。老树梅占梅香悠长，茶汤微酸而甘甜，茶气充足，饮后有一种喜悦涌上心头。

第五泡为肉桂。肉桂香气霸道，茶味浓郁。女主人的叔叔将武夷岩茶的“岩韵”概括为清、香、甘、活四个字，具体描述为四大特征：茶水厚重润滑，香气清正悠远，回甘快速明显，滋味滞留长久。

天沐茶人爱茶、敬茶，他们努力传承传统工艺，使岩茶种植和制作的高超技艺代代相传。

九鹤茶缘

米　马

武夷探茶，我们有缘去天心村的玖鹤茶业做客。其代表产品为九鹤岩茶，“九鹤”之名源于一段岩茶起源的民间故事。相传王母娘娘诞辰，九只仙鹤前去拜寿，途经武夷山时被美景吸引，一不留神把要送给王母娘娘的仙草掉进了山峦岩石之中，自此便有了武夷岩茶。“九鹤”传说既是岩茶的缘起，“九”和“鹤”也意味着岩茶之运源远流长。

玖鹤茶业的董事长林小明是国家一级评茶师、高级制茶师。他是林氏家族岩茶制作工艺的第四代传人。林氏家族的岩茶品牌由林小明的曾祖父林义品始创于清朝末年光绪年间的1879年。林家的种茶、制茶技术代代相传。后来，林小明创办了玖鹤茶业，九鹤岩茶走向市场，并逐渐享有盛誉。

九鹤岩茶的茶山主要分布在龙窠、马头岩、留香涧、慧苑坑、牛栏坑等正岩地区。独特的地理位置和自然环境，造就了九鹤岩茶的独特韵味。公司已经注册了“九鹤”“香甘厚”“太厚”“丹山名宿”等多个品牌，其中“香甘厚”被评为南平市知名商标。公司推出的大红袍、肉桂、水仙等上品岩茶，多次在斗茶赛中荣获“金奖”“一等奖”“特等奖”等奖项和荣誉称号。

走进九鹤茶庄，看得出，这里的主人很注重文化修养。茶庄布置有字、画、古琴、工艺品和各类茶具，氛围宁静而又舒适。

不巧的是茶庄的主人出差在外，未能谋面，他特地嘱咐工作人员一定要拿出珍藏的好茶让我们品尝。

“九鹤送仙茗，韵引八方客”，九鹤茶庄始终秉承爱茶、敬茶之心，以茶为缘，广交天下朋友。这里的茶艺师的一举一动格外注重内涵。

款待我们的第一泡茶是悟源涧的水仙。悟源涧是正岩地区最好的山场之一，好山好水的山涧里出产的茶，经过轻火烘焙，果然不同凡响。此茶茶味优柔内敛，回甘快，茶气足，喝后人会立即感到全身温暖舒适。

第二泡茶是马头岩肉桂。这款茶的香味大气张扬。因为出产这款茶的山场位置更高，阳光照射更充足，所以这款茶比坑底的老枞水仙香味更浓郁。

接待我们的是一位在九鹤茶庄工作多年的姑娘，她耳濡目染，反复品茶，对岩茶也颇有心得。姑娘说：“当地有句俗语叫‘醇不过老枞，香不过肉桂’。”这款马头岩肉桂的桂皮香特别明显。据说很多茶客品茶会层层递进，先喝清香的水仙，再喝浓郁的肉桂，最后喝老枞。老枞的树龄一般都超过六十年，茶汤醇厚，口感润滑，入口即化。看来喝茶也有段位，味觉也会随着饮茶的年龄而变化。一旦到了高段位，口味恐怕再也下不来喽。

我们终于开始品尝久负盛名的香甘厚了。自从被选作在厦门举办的金砖国家领导人第九次会晤的专用茶后，香甘厚的价格飙升。此茶采摘时，不加筛选，由山场中多达十几种的小品种岩茶自然拼配而成。香气繁复浓郁，茶汤甘甜而醇厚，是此茶的主要特点。

香甘厚的干茶闻来，是十几种花香的混合香气。这款茶是根据产品本身的特点来命名的，香气馥郁，清新悠远，茶汤橙黄透亮、清澈鲜丽，入口顺滑，回甘极快，且冲泡七八次汤色不变。其叶底柔软如丝绸，叶缘红边明显，实属不可多得的岩茶珍品。

随着冲泡次数增加，香甘厚的香气会有变化，先有花香，再有果香，继之有木质香。

九鹤茶庄注重细节，使用的是景德镇白瓷杯，在灯光的照耀下晶莹剔透，宛若羊脂玉。

我们最后品尝的是2010年的老枞水仙。陈茶是药，味道醇厚软润。几杯喝下，我们便感到周身通泰舒坦。

有缘到九鹤茶庄做客，实为幸事。古琴空灵悠扬的乐曲，将茶会推向高潮。鹤在中国传统文化中有着崇高的地位，象征着长寿、吉祥、高雅、真诚和灵秀，愿“九鹤”继续高飞。

三坑两涧，正岩精华

冷空气

三坑两涧出产的茶叶代表着福建武夷山岩茶的顶级品质。三坑两涧指的是慧苑坑、牛栏坑、倒水坑、流香涧和悟源涧。

三坑两涧位于武夷山景区的中心，亦是武夷岩茶的核心产区。古时所说的“正岩茶”便是产于此处，而周边的岩茶在古时被称为“半岩茶”。

三坑两涧的岩谷之间，植被状态和遮阴条件较好，谷底有甘泉细流，物种繁多，可以形成良好的生物链。夏季日照时间短，昼夜温差大；冬季岩谷可抵挡冷风，相对湿度大。岩谷狭缝间的土壤均为风化岩石，通

透性好，富含微量元素，酸度适中，所产茶品“岩韵”明显，回甘持久，非常优质。

慧苑坑位于玉柱峰北麓，慧苑寺所在地附近。传说有个名叫慧远的和尚来到天心庙附近坐禅，建立了慧苑寺，而位于慧苑寺边上的幽谷鸟语花香，便得名“慧苑坑”。

慧苑坑老枞水仙外形紧结壮实，色泽乌褐，油润有光泽。香气馥郁幽远，枞（木质）味明显，滋味醇厚，回甘快，“岩韵”强，汤色清澈艳丽，呈橙黄色。

牛栏坑位于天心寺东北边，北斗峰与曼陀峰的南麓。牛栏坑四周巨石险峰，雨雾充沛，烂石为壤，花香为伴。

牛栏坑肉桂在茶界被戏称为“牛肉”，具有馥郁辛锐的桂皮香，且含着丝丝青草香，滋味醇厚，回甘快，水中香明显，柔中带霸，茶汤橙红明亮，有油质感。

倒水坑是“茶王”大红袍母树生产地通往天心岩的深长峡谷。峡谷两侧峭壁连绵，逶迤起伏，形如九条龙。

倒水坑大红袍外形条索紧结，色泽绿褐鲜润，汤色橙黄明亮，香气馥郁，悠香持久，“岩韵”强。

流香涧位于天心岩北麓，毗邻慧苑坑。此处溪泉涧水倒流回山，故原名“倒水坑”。此处两旁壁立苍石丹崖，青藤垂蔓，野草丛生，而其间又夹杂着一丛丛山惠、石蒲、兰花。“坠叶浮深涧，飞花逐急湍。”明朝诗人徐火通游历此地，不忍离去，遂改名为“流香涧”。

流香涧肉桂香气浓郁，辛锐持久，似有蜜桃香、桂皮香、花香，游丝般地直钻脑门，茶汤入口柔顺绵稠，鲜爽甘滑，“岩韵”强。

悟源涧位于马头岩南麓，涧水淙淙，幽兰芳香，静谧安详，令人悟道思源，故得名“悟源涧”。

悟源涧陈年水仙条索表面起灰雾状的白霜，陈香幽幽，带甜香。此茶滋味甜醇、浓厚，口感好、绵滑，“岩韵”极强，回甘快、好，耐泡，汤色为艳丽的橙红色。

武夷探茶

自然之子

友人发来一张照片：咦，是“青楼”？ 10月武夷山探茶时的种种，又鲜活地浮现出来……

“青楼”是个简称，那是我们去元勋茶厂探访正山小种时听说的。

起初，大家听到“青楼”一词，都在说笑戏谑，可一到现场，就被镇住了：好一座古老的木楼！但见青砖井然，廊柱肃立，老门老窗黑黢黢的，历史感扑面而来……

听说，四百多年来，辛勤的茶工们就在这座木楼里用松柴烟熏，用芦席摊晾，一点一点，慢工出细活儿，把青青的茶芽，制作成了香醪的红茶，供世人品饮。

正山小种红茶最原始的制作工艺，就是在这座木楼里，被用心传承了下来，延续至今……我们听着这样的介绍，面对木楼，不由得肃然起敬……

供青叶晾制的木楼，这就是“青楼”名称的由来。

“青楼”的门楣上，刻有“排队称茶”四个字。可以想象，每当收茶的繁忙季节，茶农们戴着斗笠，挑着竹篓，挤挤挨挨来此称茶，古老的木梯曾见证过一切……

古老的木楼，我很想问问，你见过当年被英国人罗伯特·福琼带走的那八个茶工吗？他们的下落，令人牵肠挂肚……

这件往事，是我们在元勋茶厂看录像时才知道的。开始我们以为在播放的不过是个公司宣传片，有一搭没一搭地看，看着看着，就被内容吸引住了：波士顿倾茶事件的缘起、英国红茶和印度红茶的由来，特别是英国人福琼，在英国政府和东印度公司的指派下，到中国各地窃取茶种，当他发现武夷正山小种的制作工艺后，竟然诓骗了八位当地茶工，将他们带往印度，那八位茶工，从此下落不明……

多年前，印度茶叶专家罗禅来到武夷山，他将印度著名的大吉岭红茶和正山小种做了比较，认为武夷山就是世界红茶的起源。

当两杯色泽相近、口感相似的茶被高高举起，碰在一起时，我被打动了，武夷山茶人们数百年的坚守，太不容易了，值得我们珍惜。这份坚守，饱含一代又一代人的努力。

在元勋茶厂的博物馆里，有许多幅名人书法作品，其中最吸引我的是一幅《俭清和静》。“茶尚俭，勤俭朴素。茶贵清，清正廉明。茶导和，和衷共济。茶致静，宁静致远。”“俭清和静”这四字，最契合茶。书者张天福，是茶学界的泰斗，1910 年出生于上海名医世家，1932 年毕业于金陵大学农学院，一生致力于中国茶业的传承发展，2017 年仙逝，享年 108 岁……如今，元勋茶厂所在的区域，早已被划入武夷山自然保护区，整个正山小种的产茶、制茶区域都在其中，武夷山自然保护区设卡进行保护，区内水清山绿、人少树多，为红茶生产创造了良好的生态环境。

好茶的背后，站的是人。

茶中后现代派——稻渚氮气茶

自然之子

夏日炎炎，良渚古城遗址公园成为杭州市民的热门去处，我在初访良渚古城遗址公园之后，看到了这么一句话：古城村落，细嗅茶香。这说法，很是诱人。

于是，我再次来到良渚古城遗址公园，寻寻觅觅，找到了这个茶香的所在之处。

茶食馆名叫“稻渚茶”，是台湾艺术家任政林先生开的，据说任先生非常景仰这片古老的土地，采用了古老茅屋的形制，馆内工作人员都穿着仿先民的服饰。本以为会在此看到和良渚古城遗址有关的茶和食物，结果，菜单上只有一些现代的饮品和小点心。

就此别过有点不甘心，于是我又细细看了一遍菜单，发现一款叫“稻渚氮气茶”的饮品比较陌生，遂好奇心发作，点来试试……

只见店长拿出了一包细长的铝箔袋装物事，剪口后，倒入一纸盆，倒出来的茶赤橙黄绿的，一打听，绿茶底子里加有胡萝卜、大麦等物，莫非这是一款果蔬茶？

接下来，这盆东西被放入一个机器，开始进行萃取。

只见细细一缕茶汤开始流入机器下面的大罐，整个过程大概需要十分钟，其间，我去闻了一下，只闻到一股淡淡的麦香。店长倒了一小杯让我尝尝：原来是热的，而且，入口的感觉和闻到的味道完全不同！入口的味道竟是有层次的：先是淡雅的花果香，紧接着，茶味迅速蔓延，薄薄的、涩涩的口感充满口腔，让人可以感受到所用材料的纯正。

萃取完成之后，要等液体完全冷却，然后进行调配，再注入液态氮气。眼见液态氮气缓缓注入茶水中，店长手中竟出现了一瓶奶白色的饮品……

与萃取时不同，这瓶饮料是凉凉的，而且，随着茶气的上升，你会看见饮料的颜色在变化，奶白色液态氮气的比例在变小，最终和茶水保持在大约二八开。据店长说，在这种动态过程中饮用感觉是最好的，尤其在炎炎夏日，入口既有啤酒的清凉气泡感，又有茶汤的镇舌涩感，喝来动感十足。

茶是传统之物，但被引入现代饮料之中，倒也毫无不和谐感，这种喝法，应该十分受年轻人的欢迎吧？我也觉得很有趣呢，堪称茶中的后现代派。

参观青藤书屋的收获

我去绍兴的青藤书屋参观，看到几段有趣的话，大意如下：“徐渭在名茶日铸茶的产地长大，饮茶是其一大嗜好。徐渭的茶多由友人馈赠。每得一名茶，其欣喜之情溢于言表。

“在徐渭晚年贫病交加时，老友钟元毓赠予他后山茶。徐渭在兴奋之余，马上复信：‘一穷布衣辄得真后山一大筐，其为开府多矣！’可以说，茶是徐渭一生的伴侣。

“徐渭在《茗山篇》中写道：‘知君元嗜茗，欲傍茗山家。入涧遥尝水，先春试摘芽。方屏午梦转，小阁夜香赊。独啜无人伴，寒梅一树花。’这首诗，是诗人嗜茶的写照：茗山产佳茶，他便想去茶山安家。茗山还未到达，他就想先尝尝小溪涧水。春天刚一降临，他便提前摘下嫩芽来制茶，迫不及待地试新茶。夜晚躲在阁楼书斋上独自啜茗，虽无人做伴，却有窗前一树梅花与之对话。动人的诗句，颇具诗画意境。

“徐渭晚年手书据传是唐人卢仝所作的《煎茶七类》，可见他不仅爱茶，爱饮茶，更看重人品与茶品的关系。”

这几段话里有几处引起了我的好奇：

其一，日铸茶。这是什么茶？

资料显示，日铸茶，又名“日注茶”“日铸雪芽”，产于绍兴东南五十里的会稽山日铸岭，以御茶湾采出的茶叶制成的日铸茶为极品。日铸茶是我国历史名茶之一，早在唐朝，山阴（今浙江绍兴）人就改变了蒸青的茶叶制作方法，使用了炒青，生产出来的日铸茶广受欢迎。这一方面，推进了日铸茶的兴起；另一方面，推动了一种新的制茶方法的传播。

日铸茶自宋朝以来被列为贡品，据北宋欧阳修著《归田录》记载：“草茶盛于两浙，两浙之品，日铸第一。”清代曾专门在日铸岭内辟“御茶湾”，每年采制特级茶叶进贡给康熙皇帝。

日铸岭一带的茶园曾一度荒芜，日铸茶几近绝迹。中华人民共和国成立后，日铸茶的栽培种植逐步恢复。1980 年，恢复试制的日铸茶在浙江省供销系统的名茶评比会上，被评为浙江省一类名茶，以后产量逐年增加。

日铸茶的条索细紧略钩曲，形似鹰爪，银毫显露，滋味鲜醇，香气清香持久，汤色明亮，别有风韵。

其二，后山茶。这又是什么茶，竟让徐渭得之如此兴奋？

资料显示，此处的后山茶是明代的茶名，产于浙江上虞。清乾隆《浙江通志》卷一〇四引嘉靖《浙江通志》：“茶之类，有上虞后山茶。”后山茶又称云雾茶。清光绪《上虞县志》卷二八：“后山茶，嘉靖《通志》：茶之类，有上虞后山茶。《备稿》曰：今县北诸山多产茶，其在罗岩山上者，俗称云雾茶，味更佳。明韩铣有《后山茶》诗。”我之前只知道徐渭喜酒，这次参观青藤书屋后才知道徐渭还爱茶，这次参观，收获不小呢！

探寻安吉白茶祖

安吉白茶是浙江的名茶之一，得益于绿水青山的环境，这些年安吉白茶产业兴旺发达，白茶成为当地的特色产品和主要经济来源。

我曾去安吉余村小住，主管农林的镇干部说邻近的天荒坪镇大溪村横坑坞山坳有棵千年老白茶树，是安吉白茶的始祖，被称为“白茶祖”。据说安吉白茶乃茶树叶片在特定条件下发生白化突变，因而叶片呈现白色。这种由于自然界变异产生的新品种芽叶浅白，植株低矮，很少结籽或不结籽，繁育依靠扦插，而现今广泛种植的母本就源于此棵白茶祖。

说走就走，我一路从县道到村道再到林间小径，从柏油路、水泥路到尚未硬化的土石路，最后走到一条蜿蜒的石阶小径上。山坳里 GPS 信号不好，白茶祖所在地又是尚未开发的保护地带，好在事先我已经了解清楚沿途的主要标识。放眼望去，山岭俊秀，竹林茂密，溪流潺潺，层层叠翠，具备茶树生长的水土优越条件。

沿山间小径步行约二十分钟，我看见一片栽了低矮茶树的开阔地，有一座横跨溪流的廊桥。面对山坡，“白茶祖”三个红色篆体字映入眼帘。

一丛浅绿的茶树依偎在镌刻红字的石块旁，一绿一红，一柔一刚，一侧秀美，一侧阳刚。这棵白茶祖没有我想象的那么虬枝苍老，倒是嫩枝玉叶承露，新芽沐日迎风。若不是其前立有石碑说明此树树龄已有千年，我还真不敢相信。

近观白茶祖嫩叶玉白，形如凤羽，叶脉翠绿，玉镶碧鞘，虬枝低矮，侧枝丛生。

据说安吉白茶的叶片随时令三变：早春低温时初生嫩叶呈灰白色，采茶制茶最好；暮春时变为白绿相间的花叶，茶味醇厚浓郁（我们去时已是5月下旬，叶片白绿相间，叶脉翠绿，犹如玉镶碧鞘，十分好看）；再晚些，到夏季时，白茶的叶片就会呈全绿色。

1981年浙江农业资源普查时发现此树，次年安吉县林科所技术人员刘益民、程雅谷剪取此树枝条，插穗繁育出白茶品种“白叶一号”。

“白叶一号”早期的繁育过程漫长，茶农和技术人员耐得住寂寞，经得起曲折，受得了困苦，不急不躁，缓缓图之。十多年过去了，到1996年以“白叶一号”为母本的白茶才种植到一千亩（折合六十六点七公顷），此时可以采制的只有两百亩（折合十三点三四公顷），白茶年产量不足五百千克。积微成著，坚持不懈，终于在2017年，安吉白茶的种植面积达到了十七万亩（折合一万一千三百三十九公顷），白茶总产量达到了一千八百六十吨，白茶成为能够代表安吉的特色产品和安吉的经济支柱。

识茶知时节，白茶的叶片随气温升高而变绿，所以最好的采摘时间是每年的3月下旬至4月下旬，早于其他茶。初春绽放的叶芽呈玉白色，一芽一叶或一芽二叶，按绿茶的制作工艺，以鲜叶摊放、杀青、理条、搓条、初烘、摊凉、焙干、整理的流程制作。制好的白茶形如蕙兰，色泽浅绿泛白，白毫微露，叶芽犹如翠镶银裹，十分可人。开罐时清香扑鼻，冲泡后汤色清澈明亮，芽叶油润，香气馥郁持久，滋味清醇回甘。

此番探寻根底，可见名茶并非一定出自名门。凡色、香、味、形俱一流的茶品，都是天之造化、人事勤勉、水土地利、谨遵时令的共同结果。

龙井寻茶源

米　马

有史料记载，著名的狮峰龙井源于上天竺的白云茶，将其移栽到狮峰山的是北宋上天竺著名的高僧辩才。苏轼担任杭州“市长”时与辩才法师结为忘年交。辩才法师隐退后居住在狮峰山麓的寿圣院，故龙井村一带曾经留有许多与辩才法师、苏轼相关的遗迹。被那些千古流传的龙井茶起源的故事所吸引，我与茶友自然之子便进行了一次龙井寻茶源的出游。

夏天，早上6点，我们乘公交车到达龙井村时，一场瓢泼大雨不期而至。湿漉漉的山路、湿漉漉的树林让我们宛如进入了“超级大氧吧”。

7点左右，一位环卫工人已经完成了清扫，在车站小憩，他给我们指点了到达目的地的走法。

老龙井村里的茶楼鳞次栉比，与早年不同的是，现在的房屋整修得更显宽敞，家家户户门前都多了鲜花和绿色植物。穿过村中心的道路右拐，我们便看到大片的龙井茶园，狮峰山已远远在望。

过了老龙井村的石牌坊，我们便到达种植了十八棵御茶的地方。两只雄鸡在高高的石坎上欢迎我们。古老的茶村虽商业氛围日渐浓厚，但那两只公鸡，让我们感受到了乡村的特色。

正值盛夏时分，为了遮掩烈日，当年乾隆皇帝亲自采摘过的十八棵御茶被黑色的密目网笼罩着。

终于看到了北宋时辩才法师隐居的寿圣院。不过，南宋时，它已被

改名为广福院了。

广福院内古树参天，楼台亭阁、小桥流水，精致而又僻静。

这里有一副乾隆皇帝写辩才法师的对联：“呼之欲出辩才在，笑我依然文字禅。”不过书法不是乾隆御笔。

广福院所在地便是老龙井的发源地，龙井的名称始于三国时期的东吴。旁边石壁上苏东坡所提的“老龙井”三个字依稀可辨。宋代太学博士秦观在《游龙井记》中说过：龙井，又名龙泓，实际上是乱石中的清泉。每当天旱时，百姓到此祈祷必灵验，故传说有龙居住在此。

广福院内有虎溪流过，虎溪旁的山路树荫浓密，流水潺潺，山风习习吹来，非常惬意。

山路旁有翡翠色的清泉一池。这里便是九溪的源头。溪旁石刻“九溪源”三字。这是灵隐寺木鱼法师的书法。

沿狮峰山拾级而上，便可看见辩才法师纪念亭。亭边有黑碑金字“龙井茶鼻祖辩才法师”。纪念亭中有辩才法师塑像。

亭下有辩才法师塔。据记载，原塔碑文由苏辙撰写。现塔为2003年有关部门在狮峰山麓发现原塔构件后重建而成的。

山道旁有苏轼和辩才法师品茗论道的石雕像。雕像悠闲、飘逸，神态逼真。

遗憾的是，根据介绍的位置，我们没有找到承载辩才法师和苏轼深厚友谊的“二老亭”（又称“过溪亭”）。

天又淅淅沥沥下起了雨，穿着湿漉漉的衣衫，我们一头扎进农家院子，品着龙井茶，吹着狮峰山的风，倒也十分清凉。

翁家山访茶

金柏荣

我对翁家山茶叶的了解 ，是受教于中学同班同学孙利明。他家是翁家山村的茶农，我记得中学时的孙利明要比我矮半个头，尽管当时他又瘦又小，但他那双眼睛又大又圆，后来知道当地的村民都叫他“灯泡儿”，我想这一定是因为他那大而圆的眼睛。

中学毕业后，我与“灯泡儿”几乎失联了，一直到同学聚会时才再次相逢。此时的“灯泡儿”已经和我一般高了，衣服得体，手上拎一头盔，身边是他的摩托车（当时是 20 世纪 90 年代初）。席间，“灯泡儿”与大家谈笑风生，我当时就感叹：如果说一个人的气度取决于他的阅历和经历，那么一个人的脸腮肯定和钱包有关，而这个“灯泡儿”似乎两者皆有之，令人刮目相看。

同学聚会不久，受“灯泡儿”盛邀 ，我携几位好友上门拜访。谷雨前是采茶和炒茶最好的时节。一栋栋漂亮的楼房耸立在马路两边，那条马路是龙井路通往满觉陇路的唯一道路，穿过了整个翁家山村。遗憾的是，马路至今还是那么窄，路上车水马龙，络绎不绝。沿路的家家户户门口都支着一口大锅炒茶，空气中弥漫着茶叶的清香，以至于让人贪婪地大口吸入，却不愿呼出。

“灯泡儿”家就坐落在马路边，有落地式的茶色铝合金门窗，好生气派。落座后，“灯泡儿”就随手抓起一把刚炒制好的茶叶，均匀地撒在各人的杯中，随着开水注入，茶叶在杯中上下几经翻腾后，绿绿地浮在水面，而后，两芽一芯半浮半沉于杯中。茶叶如同饱含甘露，粗壮而又鲜嫩，这一过程的视觉美感，丝毫不逊于欣赏精致的盆景，让人目不转睛、欲罢不能。继而，茶叶特有的香味扑鼻而来，我们顾不上烫，迫不及待地先呷上一口。

茶入口中，令人顿觉鲜爽甘甜，与之前所喝的外地“龙井”相比 ：从外观上讲，西湖龙井粗壮饱满，外地“龙井”显得细小；从颜色上讲，西湖龙井为黄绿相间，外地“龙井”呈翠绿色；从口感上讲，西湖龙井香味纯正、回甘甜润，外地“龙井”或多或少带有青草味和涩味。俗话说得好，“不怕不识货，就怕货比货”。

茶过三泡，大家舒出极度满意的一口长气。而此时的“灯泡儿”一双手在铁锅中不停地变换手法炒制茶叶，技艺娴熟，一看就知是行家里手。“灯泡儿”趁着我们歇气的时候，和我们聊起了关于翁家山茶叶的话题。

“灯泡儿”说：“西湖龙井是中国绿茶的极品，其中又以狮峰龙井为上品，而翁家山村的茶更是狮峰龙井中的佼佼者。”我当时听罢，不由倒吸一口冷气，表示惊叹。据我所知，西湖龙井分布于狮（峰）、龙（井）、云（栖）、虎（跑）、梅（家坞）五个核心产区，其中，我对梅家坞和龙井比较熟悉，还真不知道翁家山村归属于什么产区。我对翁家山村这个地方并不陌生，早年我在上中学时每年都要到满觉陇、杨梅岭等村参加学农劳动采茶叶，但对翁家山茶叶的质地却一无所知，也难怪一般外地游客买茶，只知道龙井村，却不知道翁家山村。

“灯泡儿”看着我们一脸迷茫，反倒显出一副自信和自豪的笃定。他接着说：“狮峰龙井主产区是龙井村、翁家山村、满觉陇村和杨梅岭村，而翁家山村占据地理环境的优势是海拔高、阳光充足，因而翁家山村的狮峰龙井为最佳。”

在以后的年头里，每年我们必去“灯泡儿”家，一是买茶，就买他家老茶树的雨前茶和明前茶，二是蹭茶，时不时地光顾“灯泡儿”家喝茶。“灯泡儿”性格豪爽，只要是正在炒制的茶叶，他都会毫不吝啬地让我们尝个鲜。他家南高峰老茶树的明前茶，可谓极品中的极品，一天也就炒出那么几两。

记得有次我们去，恰逢“灯泡儿”在炒制明前茶，非要为我们泡上一杯，我们再三推辞也无济于事。以至于后来，清明前后，我们断然不敢前往他家了。

在他家买茶时，他还会送我们一些筛选出来的茶片，这些茶片带有别样的清香，“灯泡儿”自己一年四季喝的就是这种茶片。

龙井茶和虎跑水是绝配，但是回到自己家里，即使是这样的搭配，也喝不出在“灯泡儿”家的味道。我琢磨可能还有贮藏环境和方法的原因，方法可以复制，但环境却难以做到相同。

随着自己对茶叶的日渐上心，再加上如今发达的互联网，印证了当年“灯泡儿”所说并非虚言。据相关资料介绍：翁家山村的种茶、制茶历史悠久，可追溯到明代正德年间；公元 1725 年的翁隆盛茶庄经营的龙井茶，就是从翁家山村一带收购而来的。翁家山村地处龙井茶产区的狮、龙、云、虎、梅中的狮、龙地带的交界处。翁家山村的龙井茶园有其得天独厚的生态条件，北有天竺山和北高峰的耸峙，既能挡住寒冷的西北风，又能留住南来的湿润空气。翁家山村一带的山谷中，林木茂盛、溪涧纵横、土壤肥沃，再加上翁家山村的村民经过数百年的实践，积累了一整套精湛的制茶工艺和贮藏方法，使得翁家山村的狮峰龙井确实更胜一筹，已然成为高端茶客的首选。

花伴茶香，蕴藏矢志不渝的匠心

吴依殿

天气渐热，转眼又到了夏天，茉莉花次第绽放，福州茉莉花茶制作将迎来一季的繁忙期。

窨得茉莉无上味，列作人间第一香。茉莉花茶，闻之香气馥郁，品之甘醇鲜爽，令人神清气爽。然而，在芳香醇味的背后，却是茶农夜以继日、挥汗如雨的劳作。

窨制是将花与茶拼和，花吐香，茶吸香，是形成茉莉花茶特质的最关键工艺。一款纯正的福州茉莉花茶，通常需经过四窨至九窨。如果是九窨，仅窨花就有八十一道工序，再加上前期采购茶坯、选择鲜花、伺花等，工序不下百道，要耗费大量的时间与精力，考验的更是制茶者的体力与毅力。

于是，有这样一批制茶匠人：或世代制茶，或父传子承，或兄弟相携，或事茶多年，他们爱茶，更爱家乡。他们始终怀着一种如宗教信仰般的虔诚，全情投入，以精益求精的精神，制作茉莉花茶。纵使在福州茉莉花茶产业陷于最低谷的时候，他们依然矢志不渝地守望着它，就像炎夏盛开的茉莉一样，“向炎威、独逞芳菲”。在这些匠人中，有的还把精湛的福州茉莉花茶传统窨制技艺，传播到千里之外的广西横县，推动了当地经济的发展，有的则积极开拓市场，把销路开拓到了全国各地乃至海外，成为振兴福州茉莉花茶产业的有力推手。尽管方式各不相同，但他们心中都有一个朴素美好的愿望，那就是：重现福州茉莉花茶的辉煌！

坚守传统，传承家族的魂脉

一花一茶，借一双双手的打造，化作一杯杯芳香的茉莉花茶。一个家族的魂脉，借一项技艺的代代相承，得到了生生不息的延续。

福州市长乐区营前街道黄石村，依山傍水，繁花遍野，是福州历史上著名的茉莉花茶产区。东来茶业董事长林增钦，便出生在这里。东来茶业的前身系由林增钦的曾祖林天河于1858年创办的“东号”，因技艺精湛，其所制之茶十分畅销，一度成为福州茉莉花茶贸易的中流砥柱，并在林增钦的祖父林景乐、父亲林象团手上日益发展壮大。

“好的茉莉花茶是需要用心来窨制的。”作为第四代传承人，林增钦受父亲的影响很深。这句看似稀松平常的话，却深深地嵌入了林增钦的魂脉。

“茶如其人，做茶的态度，就是做人的态度。”如同发酵之于红茶、炒青之于绿茶，窨花是制作正宗“冰糖甜”福州茉莉花茶的核心工艺。每一叶茶都是制茶师的作品，是需要注入心血与精神的。林增钦牢记父亲的叮嘱，传承传统的

制茶技艺，从茉莉花的种植栽培、采摘、茶坯的选择到制茶，每一道工序、每一个环节都是从“心”开始，全“心”注入，力求精益求精。

他的用心，赢得了世人的尊重与肯定，也让这个制茶世家一百多年来的辉煌得以延续。2011年，东来茶业被国际茶叶委员会授予“世界茉莉花茶传承世家”荣誉称号。儿子林庆文接过了父辈的衣钵，传承父辈的用心，开拓进取，让古老的制茶技艺得以世代相传。

无独有偶。仓山区仓山镇湖边村的高家也是一个传承百年的制茶世家。从高愈正的曾祖父开始，高家五代人都在制茶。手艺传到高愈正的父亲高朝泉手里，已是炉火纯青。高朝泉老先生曾是福州茶厂的技术骨干，窨花窨了七十多年，不仅制出多达十窨的顶级好茶，还参与编写了《福建茉莉花茶》一书，对窨制工艺的传承贡献甚巨。他把自己总结的工艺要诀，用毛笔写出来，挂在家里的墙上。高愈正和哥哥高愈端从小就耳濡目染，并且在制茶时严格遵守这些工艺要诀。

一泡十窨茉莉花茶的诞生，是天时、地利、人和的结果，但并非年年有，实在是可遇而不可求。更难能可贵的是，高氏兄弟四十多年如一日的坚守。兄弟俩始终坚持以最传统的工艺来做茶，纵是耗时耗力，也毫不懈怠。他们坚信“慢工出细活”的古老智慧，只有把茶当作艺术品来做，才能做出真正的好茶。

高愈正除了静下心整理和研究福州茉莉花茶窨制工艺外，还在每周二开设有关福州茉莉花茶的讲座，进一步推广普及福州茉莉花茶文化，让更多的人认识并领略福州茉莉花茶的韵味与底蕴。更令高愈正感到欣慰的是，他刚过而立之年的儿子也对家族传承的传统窨制工艺倾注了满腔热情。一心只为做好茶，这是高家传承百年的精神所在。

父爱如山，技艺才是传家宝

对于福州茉莉花茶的制茶匠人来说，最宝贵的并非家财万贯、华屋豪宅，而是父辈亲授的制茶技艺，还有如山的父爱……

“父子双大师，一门茉莉香。”陈成忠和陈铮，一个是国家级“非遗”传承人，一个是传统窨制工艺传承大师，父子俩在福州业界早已传为美谈。

陈家是福州知名的制茶世家之一，陈成忠的祖父、父亲都是茶行里的老茶师。陈成忠父亲所在的成兴茶行，后来同其他一百零七家茶号，合并为福州茶厂。从1965年顶替退休的父亲补员入厂至今，陈成忠跟茉莉花茶已经打了五十多年的交道。

在许多“70后”“80后”福州人的童年记忆中，总是少不了那一缕沁人心脾的茉莉清香，陈铮自然也不例外，更何况他还是“泡”在茉莉花茶中长大的。孩提时，父亲在厂里忙活，陈铮就在厂里玩耍。虽说四处花香四溢，陈铮也常看父亲做茶，但他从未想过有一天会继承父业，与花、与茶共舞。直到大学时，他的人生才因此“改道”。

那时，每逢假期结束返校时，他都会带上自家的茶，与大家分享。凡喝过他家茶的同学，都赞不绝口。而且，他常听茶圈的前辈们说父亲做的茶很不错。就是从那时起，他开始渐渐把目光转向家传技艺。

一如当年陈铮的祖父对陈成忠的言传身教，陈成忠除了把毕生所学的制茶技艺与经验倾囊传授给陈铮外，还像春雨润物一样，将制茶匠人的态度与信念潜移默化地传授于陈铮。

陈铮深谙，从父亲身上获得的最弥足珍贵的是一丝不苟、精益求精的匠人精神。“不管是选料，还是工艺，我爸都是锱铢必较，他的严谨让我很佩服。花与茶的配比、怎么翻花、何时通花、起花等等，一环扣一环，稍有不慎，就会像多米诺骨牌一样，影响到最终的品质。”

2016年10月，陈铮荣获“福州茉莉花茶传统窨制工艺传承大师”（以下简称“传承大师”）称号。他的茶叶之路才刚刚铺开，肩负的不仅是父亲的期望，还有一种使命。

“每天天刚亮，我就要被爸妈喊起来去摘茉莉花。多的时候一天得摘十多斤，累得腰都直不起来。我当时就想，要是没有茉莉花茶该多好。”在翁发水的年少记忆中，虽也充盈着馥郁的花香，但更多的是不堪回首的辛苦。

不过，这对于翁发水来说还不是最痛苦的。他作为长孙，对于整个家族来说，将来是要扛大旗的。于是，父亲用近乎苛刻的严厉态度来教他做茶。“摘花遭暴晒，做茶要熬通宵，身体和心理承受双重煎熬，一般人都吃不了这个苦。”回忆起那段往事，他记忆犹新。

翁发水也曾目睹并经历了 20 世纪 80 年代至 90 年代福州茉莉花茶产业由兴转衰的过程。“市场一度萧条，使许多茶厂在一夜之间倒闭。价格上不去，成本又下不来，一些人就偷工减料，以次充好，结果对整个行业造成了更大的伤害。”他坦言，虽也曾彷徨迷惘乃至放弃过，但他最终还是重返“茶路”，做正宗的福州茉莉花茶。“这是祖宗传给我们的，这才是我们的根啊！”

翁发水的坚持得到了回报。八年前，曾是最年轻“传承大师”的他，所制的老君眉、君眉龙井等茶斩获了多个金奖，他也应邀赴美授课，把福州茉莉花茶带到大洋彼岸。

有对闽籍华侨老夫妇喝到久违的“冰糖甜”时，不禁热泪盈眶：“找到了故乡的感觉。”那一刻，深受感动的翁发水，也顿时明白：“当年父亲的严厉，如今回味起来却有如这‘冰糖甜’一般！”

兄弟同心，携手共圆茉莉梦

古语云：“兄弟同心，其利断金。”在福州茶界，就活跃着这样一对孪生兄弟，他们同心协力，做复兴福州茉莉花茶的有力推手，并携手共圆茉莉花茶梦。

福建春伦集团有限公司（前身为福州春伦茶业有限公司，以下简称“春伦”）的傅天龙、傅天甫兄弟，算得上福州茉莉花茶复兴的一面旗帜。

这对从小在茉莉花田边上长大的孪生兄弟，注定要跟茉莉花茶紧紧地系在一起。仓山区城门镇的傅家，祖祖辈辈皆以茶为生。1858 年，傅友华创立了“生春源”商号。传到傅天龙、傅天甫兄弟俩这一辈，已是第六代。于是，从十三岁开始，他们就跟着长辈学做茶，后来也都成了城山茶厂的业务员。1985 年，兄弟俩继承祖业，创办了春伦。

由于对花、对茶的“品性”都了如指掌，再加上 20 世纪 80 年代正是福州茉莉花茶产业的鼎盛时期，傅天龙、傅天甫兄弟俩做起生意来轻车熟路。“从老家低价收购来的茉莉花茶，一进市场就很畅销，几乎是进多少（货）就卖多少，最多一天都能赚四五万元。日进万金的销售利润，在二十多年前说出去根本没人信，即便在今天也是很可观的了。”傅天龙说。

然而，好景不长。1995 年，日益增多的茉莉花茶厂，为了争夺市场份额，打起了价格战，茶价被不断地压低，而成本却不断地上涨。价格与成本的抵牾，只有通过牺牲品质来平衡。“恶性竞争搞垮了整个（茉莉花茶）产业，而且使曾价比黄金的福州茉莉花茶沦为低档茶、垃圾茶的代名词。”

此时，安溪铁观音、云南普洱等名优茶品相继兴起，原本稳坐全国茶市半壁江山的茉莉花茶市场占有率一路直线下滑，一度从 85% 暴跌至 30%，属于茉莉花茶的辉煌时代已一去不返。不过，导致春伦陷入困境的因素还不止于此。销路受阻，使得茉莉花茶产量、茉莉花种植面积也大规模“缩水”，整个产业遭受重创。在短短几年时间里，福州市的茉莉花茶种植面积从八万多亩锐减至五千多亩，许多茉莉花茶企业也难以为继。眼睁睁地看着福州茉莉花茶的风华不再，傅氏兄弟俩痛心不已。面对“节节败退”的茉莉花茶大军，如果他们也退出，福州茉莉花茶“就真的会倒掉”，更何况这里面倾注了他们多年的心血。于是，傅氏兄弟做出了一个在同行看来无异于“自杀”的举动——既没转行，也不缩小规模，反而孤注一掷地拿出积蓄让花农继续种花。他们用热爱守住了一千亩（折合六十六点七公顷）的花田。

现实很残酷。“做花茶，每年都要亏三五十万元，多的时候能达到一百多万元。”连续八年的亏损，消耗着傅氏兄弟苦心积攒的资金，也考验着他们的耐心。然而，直到债台高筑，他们都没有放弃坚守，因为他们坚信经历千年岁月磨洗的福州茉莉花茶拥有顽强的生命力。

尽管漫漫长路遍布荆棘，但是傅氏兄弟自始至终都奉行“质量是第一生命”的信条。也正因他们的笃定坚守，福州茉莉花茶产业迎来了绝处逢生的曙光。“茶中，以春茶为最上品，我们要做最好的茶，伦理纲常，乃做人之本，我们要做上敬国家下孝众亲的好人，‘春伦’便由此而来。”傅天甫说。

回首春伦走过的三十余载，“敢为天下先”的精神一直是春伦发展的动力，它支撑着春伦一步步摆脱困境，也一步步地实现着福州茉莉花茶涅槃重生的梦想。作为农业产业化国家重点龙头企业，春伦不仅仅是生产、研发上的“龙头”，还是整个行业的“龙头”。

2009 年 4 月，春伦牵头发起成立了福州茉莉花茶产业联盟，联合三十五家茉莉花茶生产、销售及科研单位抱团发展，开拓更大的市场。此外，春伦还策划承办了“2011 世界茉莉花茶发源地会议”“2012 世界茉莉花茶文化鼓岭论坛”等系列活动，使福州及福州茉莉花茶相继获得“世界茉莉花茶发源地”“全球重要农业文化遗产”的殊荣。

2016年5月，春伦在法国巴黎成立了分公司，正式宣布进军法国市场，让“有中国春天的气息”的福州茉莉花茶香飘法兰西。2018年4月，春伦还来到法国敦刻尔克和意大利佩斯卡拉，在世界大舞台上展示福州茉莉花茶的香韵与魅力。

倾身事茶，只为一道“冰糖甜”

“闻香不见花，独特冰糖甜”是福州茉莉花茶的特质。这道“冰糖甜”的酝酿，靠的不仅是技艺，还有一颗恒心。

已经五十多岁的王德星，依然像年轻时那样，浑身充满了拼劲。他对自己的定位是：“我是一个茶农，就是要把茶做好！”

创办于1982年的闽榕茶业，在福州茉莉花茶行业中已深耕了四十多年。尽管经历了许多波折，但王德星从未忘记自己为何而出发。如同美文之于作家、名画之于画家，制出“闻香不见花，独特冰糖甜”的福州茉莉花茶是他不懈的追求。

为了做出这道“冰糖甜”，王德星秉持最传统的制茶工艺，除了选用优质的高山明前绿茶作为茶坯外，还坚持以福州当地生长的茉莉鲜花窨制。他还在帝封江畔投资建设了六百多亩（折合四十多公顷）茉莉花生态基地，其中茉莉花品种资源苗圃五十亩（折合三点三三五公顷），茉莉花核心种植示范区三百亩（折合二十点零一公顷），湿地水域三百多亩（折合二十多公顷），基地年产茉莉鲜花五十四万千克，为制出福州茉莉花茶独有的“冰糖甜”提供了纯正、优质的鲜花原料。

值得一提的是，这处基地还是集种植、生产、加工、旅游、观光、休闲为一体的具有福州地方特色的茉莉花生态湿地公园。他说，每年这里都吸引了国内外游客慕名而来，除了观光考察，游客还可亲身体验摘花、采茶、制茶等工序，深入了解福州茉莉花茶传统工艺，真正领略到福州茉莉花茶的魅力。

王德星在传承传统的同时，还积极提升茉莉花茶的科技含量。多年来，由他研发的茶叶新产品多达十二种，其中“一种单瓣醇香茉莉花茶的窨制方法”还荣获国家发明专利。

他透露说，公司正与新加坡中小企业协会建立战略合作伙伴关系，引进新技术，联合开发、生产、经营多糖、茶多酚、茶色素等经过深加工的茉莉花茶高端产品，以便打开国际市场。其实，他一直有个梦想：让更多的年轻人爱上福州茉莉花茶，从而取代碳酸饮料。“茶的形象和包装要‘年轻化’，我们要适应年轻人的快节奏生活，推出更多方便冲泡的茶品品种，让年轻人轻松喝茶。”

梦想不止，坚持不懈。“也谈不上什么坚持，闽王王审知曾造就了福建的鼎盛，作为他的后人和土生土长的福州人，茉莉花茶早就是我生命中不可缺少的一部分。”王德星，也是“开闽圣王”王审知的第三十九代后人。

王德星身上所体现的工匠精神，也是福州茉莉花茶制茶工匠的共性。“茉莉花茶文化是福州的特色文化，是一代代制茶艺人精益求精的结果。这块金字招牌我们不仅要传承，更要创新和提升，这是我们制茶人的责任和义务。”福州茶厂常务副厂长、福州茉莉花茶窨制工艺传承人林乃荣说，每一泡福州茉莉花茶背后都凝聚了制茶师不怕艰苦、不敢懈怠的精神。

林乃荣做的茶是外交部驻外使馆的外事礼茶之一。他的判断标准是：“如果能让人们感受到茉莉的芬芳，仿佛置身春天的花田，这泡茶就成功了。”要做出这样一泡好茶，需要对茉莉花原料及其茶坯原料进行全方位把关、检测，在确保原料优质的基础上，还要通宵达旦地驻扎在车间，而制茶的时节又逢三伏天，车间温度常常在五十摄氏度以上，个中艰辛，可想而知。

然而，这还不是制茶的最大难题。“最难的地方在于，要对每个环节的原料水分含量、温度、湿度进行严格、精准地把控，而这些全靠经验。一个小小的偏差，就会导致惨重的损失。”林乃荣说。为了让茶臻于至善，制好的茶还要经过层层检测、环环把关,并经多次审评、调整后,才能出厂。

茶为骨，花为魂，福州茉莉花茶的鲜灵浓郁里，蕴藏的是矢志不渝的匠心。

在多瑙河游轮上喝茶

米马

2019 年 9 月，秋高气爽，我们乘维京游轮游多瑙河。出发前，爱喝茶的我担心欧洲缺茶，于是带上了茶和旅行茶具。

游览路线从维也纳开始，游览五国八城，最终到达布达佩斯。美丽的多瑙河、梦幻般的捷克小镇、瓦豪河谷的葡萄酒、茜茜公主的传奇故事、浪漫奔放的音乐都让人如痴如醉。唯一出乎意料的是这一路竟然还有茶的温馨陪伴。

这家总部在瑞士的跨国公司——维京游轮旗下有六十五艘游轮，接待来自全世界的客人。我们这条游轮以接待中国客人为主，于是，注重细节的游轮服务内容里便有了饮茶的各种安排。

第一天登船进入客舱的房间，你会发现这里与国内大多数星级酒店一样，已经为你做好了一切泡茶、喝茶的准备。一大瓶矿泉水可以直接用来解渴，也可以煮沸了用来泡茶；一把电水壶、两只杯子放在醒目的地方；还有三包有中文翻译的袋泡茶，分别是乌龙茶、祁门红茶和云南白茶。经过十几个小时长途飞行的我们已经疲惫不堪，此情此景立即让人有了家的感觉。

游轮采取昼停夜行的方式。白天客人上岸游玩，晚上回来后，游轮出发去下一个地点。游轮上有个观景廊，透过三面落地大玻璃可以观赏多瑙河两岸漂亮的景色。观景廊的吧台免费供应各式美酒、咖啡、冷热饮。我马上发现这里有茶：红茶和绿茶。我去那里品过几次红茶，味道很正宗。

观景廊几乎每晚都有表演，多半请的是多瑙河沿岸国家的艺术家。在观景廊上聆听各式乐器的演奏，观看奥地利、匈牙利热情奔放的民族舞，望着窗外月光洒在多瑙河里的粼粼波光，呷着茶，别提有多美了。

每天游玩结束登船，游轮上的“小红人”（因穿红色工作服而得名）都会在登船处的工作台用不同的茶摆出一个大大的心形，让疲劳的游客能够立马喝上一杯温热的茶。每天的茶品都不一样，气温下降、下雨，游客可以喝到一杯姜茶，平时以果茶、花茶为主。

其中有种茶我从未喝过。这种汤色淡黄的茶，口味微甜醇厚，有种优雅的、淡淡的花香。一入口我便觉得这种茶很特别，有种纯纯的味道。于是我立即请教“小红人”，被告知此茶名叫“接骨木花茶”。我查阅资料得知：接骨木花，英文名为Elder Flower。接骨木从根到果实都是药，有“万能药箱”之称。其中尤以花和果实药用价值最高。用接骨木花做的化妆水可使皮肤变得细嫩、白皙。民间还有一种传说，将接骨木做成十字架挂起来可以辟邪。哈哈！这着实让我长了知识。

船上有个自助咖啡吧，除了咖啡机和各种咖啡伴侣外，另外半边是个茶吧。那里有七八种袋泡茶，还有煮茶器和茶杯，可供爱茶的客人品饮。千万别以为袋泡茶低档，在欧美国家，茶的主要包装方式就是袋泡茶。

陈列在这里的茶包，绿色的是绿茶，深蓝色的是英式早餐茶，玫红色的是玫瑰茶，淡蓝色的是薄荷茶，正红色的是红莓茶……

出于好奇，我在红莓茶和薄荷茶外，还品尝了英式早餐茶。英式早餐茶是一种拼配茶，往往用印度茶、锡兰茶、肯尼亚茶和中国红茶拼配而成，目的是为了让色、香、味和浓度都达到最佳。这种茶有淡淡的香味，可以根据自己的口味配牛奶或柠檬片，就着小点心喝。多瑙河风景最美的一段在瓦豪河谷，瓦豪河谷盛产葡萄酒。瓦豪河谷最好的葡萄酒在施皮茨小镇。

我们去施皮茨小镇的农家参观，这里的小院幽静漂亮，到处鲜花盛开。他们的酒窖里藏着琳琅满目的葡萄酒。小镇还盛产杏子，他们的杏子制品主要有杏子汁、杏子干和杏子酱。我们在那里品酒、就餐，还意外地听说了当

地人也爱喝茶，但当地人喝茶的方式比较特殊：他们喜欢在茶里放入杏子酱。想来这杏子酱茶酸酸甜甜，会别有一番风味。可惜这次安排的日程里没有喝茶。如若下次有机会，一定要问那里热情的奥地利村民讨杯杏子酱茶来尝一尝。

海上饮茶记

董建萍

也许因为我心底一直埋藏着一个航海梦，所以没有太多犹豫，我就踏上了为期五十三天的南太平洋邮轮行程。邮轮是集交通工具和生活场所于一体的，每天有人打扫客舱，吃喝玩乐都有人替你操心，乘坐邮轮旅行比较适合懒人。

一晃五分之一的时间过去了。前天我们从菲律宾苏比克湾出发，前往巴布亚新几内亚，两千三百多海里，要走五天。现在我们正在大海上行进，傍晚有鲣鸟陪伴，清晨有飞鱼划过海面。除了有时比较颠簸，还算安逸。

作为爱喝茶的人，这么长的旅行，我肯定会关心如何喝茶。

出发前，我确实犹豫了一下，没有把茶具带上，现在有点后悔。不过，就地取材，还是有很多办法的。

在邮轮上喝茶，主要有三种形式。

第一种是早餐时的早茶。邮轮上的自助餐有茶包供应。我看了一下，有绿茶、红茶、花茶、柠檬茶、薄荷茶等。第一天，我用餐厅的瓷杯泡了薄荷茶。

薄荷茶香气浓郁，色彩淡绿，配黄色的西式奶油蛋糕，味道不错。后来，我又选过一种伯爵茶。伯爵茶的香味很特别，它应该拼配了某种植物或花，但是我闻到和喝到的是药香。它的茶汤是棕红色的，苦味比较明显，可以较好地中和牛油蛋糕的甜味，也可以配中式小包子。一杯下去，神清气爽。

第二种喝茶方式是自己在客舱里面冲泡。客舱里配备有白瓷杯，但没有茶壶，我是用保温杯替代茶壶的。我带有铁观音、老白茶和岩茶。客舱里面配备了电水壶。让人惊喜的是邮轮上居然有农夫山泉卖。一点五升的农夫山泉两美元一瓶，十美元六瓶。我花三十美元买了十八瓶水。

一天上午，我先生可能因为受凉了，慢性支气管炎有点复发。我想喝点老白茶可能会让他好些。茶块放入保温杯，一壶农夫山泉烧开，冲入，片刻后，打开保温杯嘴，把茶汤注入白瓷杯。老白茶特有的热气立刻充溢开来。几杯热茶下肚，先生额头有微汗渗出，体内寒气被赶出，顿觉通体舒泰。

我带的铁观音是台湾出产的，可能属于清香型。用保温杯泡，茶汤清亮，香气四溢。在客舱里喝茶，是我们一天中比较享受的时刻。我会想起在杭州时的各种喝茶场景，想起一起喝茶的好友。同样的茶，在不同场景下喝，体悟有所不同。人生的丰富程度，取决于你的体悟能力和想象力，也许正是如此。

第三种喝茶方式是去喝茶的专门场所，比如酒吧、咖啡馆，这些地方都有茶，当然，在这些地方喝茶是付费的。

邮轮上有家佛洛里安咖啡馆，是意大利威尼斯的老牌咖啡馆。邮轮上的这家据说复制了原馆，入门处摆放了一艘威尼斯小船、一架钢琴。这架钢琴每天定时演奏莫扎特的乐曲。

这次上船之所以没有带红茶，是因为我认为这种西式场所，但凡有茶，大概就会是红茶。果然，佛洛里安咖啡馆里有大吉岭红茶和各种其他红茶。借助翻译器，我选了一款有一个中国名字的红茶：虞美人。它是红茶加某种植物调制而成的。

这里的茶具非常精美，是一个小玻璃壶，被服务员优雅地端了上来。很奇怪，这里给茶配了糖，但是没有奶。

虞美人的茶汤呈淡褐色，我抿了一小口，感觉有非常女性的香味，回味有一点点酸，后来又有一点点甜。我觉得好喝，先生也觉得好喝。

如果把先前喝过的格雷伯爵茶比作男子汉，这款虞美人确实很女人。

佛洛里安咖啡馆的经理告诉我，他们咖啡馆的茶都是英国的。英国人制茶，讲究不同的拼配。我想，可能虞美人确实是为女性拼配的，说不定还有美容的功效。本来我以为咖啡馆不会有很专业的茶，想不到还是藏了几款好茶的。

长长的旅途，有茶相伴，心有所安，情有所寄。大海茫茫，唯随波逐浪……

太阳门茶叶店的“圣诞降临茶”

海 荧

我出生在杭州，几十年来一直与举世闻名的西湖龙井茶为伴，每天早上起来的第一件事就是喝上一杯龙井茶，否则一天将若有所失。

2020 年，新冠病毒在全世界大流行，各国边境关闭，我被困在位于靠近德国边境的奥地利城市萨尔茨堡。在这里要买到绿茶中的极品——龙井茶简直就是天方夜谭。无奈之下，我只能在萨尔茨堡寻找龙井茶的替代品。

萨尔茨堡的老城有一家名叫“太阳门”（Sonnentor）的茶叶店吸引了我。这家茶叶店门面不大，据说是老城中仅有的两家茶叶店中较大的一家。不管怎么样，门店的名字“太阳门”就足够让我产生好奇了。

进门后，我眼睛一亮，店虽只有几十平方米，但店内陈设精致有序，茶叶门类齐全。

西方最重要的节日——圣诞节就要到了，太阳门茶叶店适时地将“圣诞降临茶”放在最醒目的位置。

说到“圣诞降临茶”，先要知道“基督降临节”（Advent）。它不是一个特定的日子，而是一段时间，从每年12月1日一直延续到12月24日圣诞节前日，共计二十四天。然后还要知道“基督降临节日历”（有时也叫“圣诞日历”）。“基督降临节日历”是一个有二十四个小格子的日历，每个格子都有一个小门，每天打开一个对应日期的小门，可以得到箴言和小礼物。到了现代，“基督降临节日历”的形式虽被保留了下来，但内容已经变得世俗化和商品化了。

记得三十年前我刚到德国的第一个圣诞节，房东就提前二十四天送给我一个“基督降临节日历”，带有她亲手做的二十四个红色的小布口袋，里面装了二十四个诸如糖果、文具、饰品、玩具等不同的小礼物。与当今在各大超市的昂贵、抢手、绚丽多彩的圣诞礼物相比，三十年前的这份“基督降临节日历”对我而言，更显温馨可贵。

“圣诞降临茶”就是按照“基督降临节日历”准备的二十四个茶包。值得注意的是，所有茶包的原料都来自大自然，并且每个茶包都是手工制作的。购买这款茶叶的大多是较为时尚的年轻人，他们认为作为圣诞礼物，具有文化气息、有益于健康的“圣诞降临茶”更为独特和雅致。

对我来说，“圣诞降临茶”是德国古典哲学在形式和内容上的一种完美结合。在圣诞节到来前的二十四天，每天打开一种让人期待的茶，别有一番意义。

几乎每一个德国大妈都懂得用各种植物泡制各种汤（茶）水，来改善体质、治疗疾病。例如帮助消化的茴香茶、止咳化痰的麝香茶、安神镇静的拔地麻茶、醒脑又养肠胃的薄荷茶等。

这些用新鲜植物或晒干后碾成碎叶泡制的汤水，德国人都叫茶，连生姜泡水也叫"生姜茶"。有了以上对德国茶文化的了解，我们就可以大概猜到"圣诞降临茶"的内容了。

请看圣诞降临茶的广告词："让二十四种芬芳的香茶陪伴你度过即将到来的圣诞节前夕的时光，这样你会常常身处宁静之中，一杯热茶总是温暖着你的双手。"

太阳门的"圣诞降临茶"中的二十四种香茶分别是：快乐茶、壁炉之焰茶、金色姜黄茶、润喉茶、良宵茶、圣诞降临茶、健力茶、早安茶、白牡丹（白茶）、小淘气有机茶、荨麻叶茶、姜阳茶、新年茶、大吉岭茶、烤苹果茶、幸运茶、香郁姜黄茶、绿色吉祥茶、姑嫂汤茶、冬夜茶、暖胃茶、守护天使茶、休闲茶、圣诞茶。

通过以上茶叶的名字和茶盒上详细注明的每一包所含的内容，我们便可知道这些茶大概的功能。毕竟这些茶的原料基本都是人们日常生活中不难见到的东西。比如快乐茶是由草莓花、苹果薄荷、卷心菜、玉米花、向日葵等让人愉快的植物果蔬制成的，绿色吉祥茶是由茉莉花、茴香、姜、香草叶、榭皮等植物制成的，圣诞茶由圣诞花、桂花、康乃馨、万寿花等植物制成的。

一般情况下，这里的大小商店都非常重视宣传，店里都会备有不同种类的广告册。太阳门茶叶店是个例外，店主告诉我没有广告册，他指着四周的墙和橱窗，笑着让我自己看。

我环视了一圈，店里主墙上面和商品牌上写着："太阳门坚信，能使生命美好而恒久的最佳秘方来自大自然。这既是我们的口号，也是我们追求的目标。大自然的循环再生能力是生命延续的根本，只有绿色有机的植物才能达到这一目的，尊重大自然的规律可以使我们美好的生活得以永续。"

太阳门茶叶店门面不大的主橱窗上除了该店的主打商品外，"手工价值，自然循环"的标语尤为引人注目 。我又仔细看了拿在手里的"圣诞降临茶"

的茶盒上写着的内容，似乎明白了这里的茶文化。反正也买不到龙井茶，那就入乡随俗吧，我买了一盒“圣诞降临茶”和一盒印有莫扎特头像的“太阳门有机花茶”，高高兴兴地回家了。

邂逅日本茶碑

陈　雁

2019年秋，我随儿子去日本游历，参观了很多古老的寺院。9月3日那天，我照例听凭儿子的安排，大清早就跟他一起出发了。

我们驻足在一座古朴的寺院山门前，山门不算大，门边立着长方形石柱，我看到上面刻着“临济宗大本山建仁寺”。

这座寺院很大，形状规整，中轴线上由青石板铺路，周边是大面积日式碎石子空旷地带，可以通往不同院落里的高台大殿建筑，而不同的院落里皆可见苍翠的古树。

整座寺院里游人稀少。置身在这座寺院中，我描述不清楚是怎样的感觉，似乎有种轻微的、淡淡的、虚无缥缈的古代中国也有的东西，究竟是什么东西，我无法用文字表述出来。

我们换上拖鞋，进入宗务本院。适逢当日有画展，我便欣然赏画，并游览了禅庭——潮音庭，一个雅致的日式庭院。这里气氛淡泊宁静，令我这个来自南宋古都杭州的人有些恍惚，眼前的庭院让我有种似曾相识的感觉。

在古树参天的寺庙大院中，东边有一个用栅栏围住入口，不让入内参观的小园子。这让我有点惊奇，我意外地看到小园子里竖有一块刻着“茶碑”的石碑。

园子入口的左边竖有一块小木牌，园子里除茶碑外还有两块大石碑，见上面都刻着日文，我便没再细看。

我只凭自己兴趣四处游览。我知道这茶碑和茶有关，肯定也和中日茶文化的渊源有关，但究竟有什么关联，我不得而知。

日子如白驹过隙般过得飞快，我每天有大量事务要处理，当时在日本寺院驻足端详、拍摄的种种，随后就都放下了，不再去想。

时隔一年，我在微信家族群里看到了家姐写的一篇关于茶的文章，家姐对饮茶和茶文化颇有兴趣和心得。我告诉她曾经在日本看到过一块茶碑，还拍了照，但这块碑究竟有什么渊源我就不知道了。家姐兴趣盎然，鼓励我查点资料写出来。我虽是一个向来不爱写也不善于写东西的人，但我很好奇这块茶碑的渊源，便翻出相册里自己拍的照片细看琢磨，难得地开始做起功课来。

原来这块茶碑是为纪念建仁寺的开山祖师荣西禅师而立的。建仁寺是京都最古老的禅宗寺院，落成于镰仓时代的建仁二年（1202），当时中国是南宋嘉泰二年。建仁寺由大将军源赖家创建，建成时适逢荣西禅师从南宋学禅归来。荣西禅师受邀住持建仁寺，成为建仁寺的开山鼻祖。

建仁寺创建之初，荣西禅师设置天台宗、密宗、禅宗之三宗兼学，后来成为纯粹的临济禅宗之道场，历经八百多年，直至今日，这里作为禅宗的道场，依旧是广大信众心灵寄托之处。

据记载，荣西禅师于永治元年（1141）生于世袭神职之家，自幼聪敏超群，八岁就随父亲读《俱舍》《婆沙》等深奥的经论，十四岁落发于比叡山修行。荣西虽深入经藏，却常感不足，闻中国禅法兴盛，于是心生远渡前往中国学佛的想法。仁安三年（1168），时年二十七岁的荣西搭乘商船由九州博多出发，抵达明州（今浙江宁波），上天台山巡礼。

荣西禅师回日本后苦心参禅十九年。文治三年（1187），四十七岁的荣西再次远渡来到南宋，到达临安（今浙江杭州），转往天台山，依止万年寺虚庵怀敞禅师学禅，后又随虚庵移居天童寺。

荣西于虚庵禅师处尽心钻研，参究数年后，终于悟入心要，得虚庵禅师的认可，继承临济正宗的禅法，之后将其带回日本。在他不断推广下，禅宗在日本呈现朝气蓬勃的景象。荣西禅师被尊为日本临济禅宗的祖师。

作为杭州人，当我看到荣西禅师茶德显彰碑铭中的“……荣西禅师……曾不顾路途艰辛二度入中国宋朝……在天台山、天童寺、阿育王寺修行了五年有余……”时，不由升起亲切感，有些兴奋。天童寺、阿育王寺这些都是我从小就听熟了的浙江名寺，我也曾两次前往天台山的国清寺。

荣西禅师茶德显彰碑，位于茶碑右侧。其碑铭告诉我们，荣西为研究禅法，不辞辛苦，曾两次远渡入宋，不仅首次将禅宗法门传入日本，同时还把南宋时浙江优质的茶树种子、植茶与制茶技术及饮茶礼法带入日本。

我从荣西禅师茶德显彰碑铭得知，荣西禅师对于在日本推广普及种茶、饮茶的另一个重大贡献就是撰写了《吃茶养生记》一书。《吃茶养生记》是日本的第一部茶书，也是继中国唐代陆羽所著《茶经》之后世界上的第二部茶书，可以称之为日本的《茶经》。

荣西禅师致力于种植茶树和茶树的栽培，为普及种茶、制茶技术和传

播饮茶文化并推广形成饮茶之风俗竭尽心力，被尊为“日本茶祖”。

在茶碑所在的小园子里，我看到了另一块石碑——茶恩碑。茶恩碑的碑文讲述了茶碑和这个小园子的由来。起初我以为茶碑所在的小园子是一个无名小园子，后来才知道这座小园子是有来由、有名字的。它的名字叫“平成茶苑”。

为了让更多的人敬慕荣西禅师的功德，寺院的后辈在山堂前立了一座茶碑，以表示对荣西禅师的感恩，永远赞扬“日本茶祖”荣西禅师的遗德。为了纪念荣西禅师为日本引进茶八百周年，平成六年（1994），寺院后辈专门到中国，从天台山的国清寺（荣西禅师曾修行的地方）带回了茶树种子，种植在茶碑的后面，并建“平成茶苑”来显示荣西禅师的茶恩。

在“平成茶苑”入口处竖着的那块小木牌，告诉我们在每年的5月10日左右，寺院后辈会把初摘的茶叶用石臼磨成抹茶，于6月5日开山祖师忌日供奉，来真诚感念荣西禅师的遗德茶恩。

我曾跟着言语不多的儿子去过日本的很多地方，出发前我都没做过功课。来到建仁寺时，我完全不知晓建仁寺与茶有如此紧密的关系，是因母子之缘我来到建仁寺邂逅了茶碑。一年后，姐妹之缘促使我开启了对日本茶历史的一番探索。看似造访建仁寺，看见茶碑是偶然，实际我想一切皆是缘，而我正是在建仁寺开始与茶结缘的。

茶海探幽

被茶渗透的杭州生活

香蕉树

杭州产茶，杭州人喜茶，杭州亦以茶闻名于世。

其实，杭州人的生活中，随处可以发现茶的影子。以岁时习俗而言，从年初的太岁上山、龙灯开光，到春天的天竺香市，夏天的雷诞夜香，秋日的赏桂、赏菊，再到冬天的吴山赏雪，处处都有茶会、茶摊和喝茶的处所。

除了节日的茶会、茶摊外，过去的杭州可谓茶馆林立。在不少知名的景点，或湖边的某个适宜的位置，都能见到一些具有特色的茶楼、茶馆。如在涌金门的码头旁，据记载，有一家“藕香居茶室”，门对西湖，湖内多栽荷花，红白相间。其室内布置清雅，悬一副对联：“欲把西湖比西子，从来佳茗似佳人。”对联把美茶与美景有机地融合在一起，简单直接，别具意境。此处一到夏天，荷香莲美，清心爽目，乃文人士子的赏荷胜地。

至少从钱氏的吴越国起，杭州就一直繁华奢靡。在柳永笔下，杭州“市列珠玑，户盈罗绮，竞豪奢”；而在关汉卿笔下，杭州“这答儿忒富贵。满城中绣幕风帘，一哄地人烟凑集”。尤其吴山一带，更是热闹非凡。

吴山是一个特别能代表杭州文化风格的地方。吴山为天目山余脉，直插杭州城中，东南望钱塘江，西北面西湖，既能赏美景，又处繁华中，着实是一个好去处。当年，金主完颜亮进犯南宋时，曾经高调地宣示，要“提兵百万西湖上，立马吴山第一峰”，在他心目中，吴山就是浮华

都市和美妙湖景的交汇之处。刘秉忠南宋年间曾游杭州，后随忽必烈南下进入杭州时，重登吴山，留下的感慨是：“吴山依旧酒旗风，两度江南梦。”刘秉忠作为元朝政治制度的设计者，此时的心态已经完全不同。虽然他已位极人臣，但此番故地重游，仍然被杭州的繁华所震慑。显然，此刻的杭州，故都的身段和气派犹在。难怪，宋亡后，一大批宋代的遗民耆老居住在杭州，为西湖文化留下了许多浓墨重彩的作品。至元代后期，张雨等杭州文士曾经在吴山上聚会，眼前的景观激起其内心豪情，他们感慨“如此江山”，将聚会处命名为“如此江山亭”，并一一赋诗作文，从而结成《如此江山亭诗卷》。众多名人之所以在此直抒胸臆，是因为那一刻的吴山的文化意涵撩拨了人们内心深处许多想表达的东西。历史的堆积，使得吴山在杭州人的心目中，有了一种特别的意义。

岁月流逝，朝代更迭，而杭州的繁华一如往昔。仅以饮茶一事，即可知其大端。吴山吸引文人学子、贵宾豪士的地位之一，就是这里茶楼林立。

据《杭俗遗风》载，清代杭州知名的茶室有放怀楼、景江楼、见沧楼、望江楼、兰馨馆、映山居、紫云轩等，一家家皆是“金壁交辉，雕梁画栋，匾额对联，单条屏幅，悉臻幽雅”，看上去美轮美奂。室内“悬挂各式灯景，玻璃窗棂，即瓷器均皆精致”，“桌凳亦极光鲜”，茶叶自然用的是最上品。而且这些茶室所用的茶具，都烧制有自己的店号。我想，就是如今的茶室也没有几家能够做到这一点吧！从经营者的用心和投入来看，显然当时人的品位不低，不光要环境优美，连使用的器具、桌椅也要洁净亮丽。这种品茶的风格，与北京的大碗茶迥异其趣，大概在全国其他地方也是罕见的。

茶在杭州人的生活中是非常重要的，因此，茶行业在那时的杭州自然也是繁荣发达的。至少在一百七十年前，杭州的茶行业经营者就已经以多种方式在经营了。

茶业经营者会寻找各种商机，有时候针对一些目标消费者，会使用一些特殊的营销手段。他们知道，文人们多有在深秋赏菊、咏菊的风雅习惯，届时，店主都会去向花业经营者租用各式富有创意命名的菊花盆景来装饰茶室，以显示经营者的品位。菊花的品格、色泽、气味、造型、名号对文人无疑具有极强的诱惑力，因此这个季节就成了文士雅人茶聚的好时光。正因为有大量需求，杭州的花卉种植者会在每年农历九、十月之间，“扎缚各式大小盆景，出租与山上、山下茶肆摆设，供人赏玩”。花卉产业由此也沾了茶业的光。

从清代杭州人范祖述写的《杭俗遗风》来看，真正能体现茶在杭州人生活中不可或缺的是，当时的杭州还有茶司一行。此茶司非茶业管理部门，而是一种与厨师、木匠一样的手艺行当。这充分显示了杭州茶业服务的层次与水准。

在欧阳修眼里，杭州人一贯“俗习工巧”，茶司一行，也有其工巧之处。当时，但凡婚姻寿诞、各种喜事聚会都可以邀约茶司来料理茶事。每个茶司都自备茶事所需各项用品，一般“有锡炉二张，其杯箸、调羹、瓢托、茶钟、茶船、茶碗……等件，无不足用”。而且所用之物，质地也是上佳，“磁则红花，箸则象牙”。另外还出租香几、屏风、桌帏、椅帔等物件，为消费者考虑得很周全。至于收费，似乎并不高昂，这么一套连同茶叶、栗炭在内，“每副价钱四百二十文，婚姻庆事加倍。场头小者，并可用半副”。对于大多数市民来说，既方便，又实惠，所以很受欢迎。

其实，经营茶司的人是非常辛苦的。买家定好日子后，他们“必须天明进门，三四更方可去”，这期间都是随叫随应。到了晚上，连“内外灯烛，均归其所点”。如果是办喜事，“新人卸冠，茶司送车孩儿一个，名为送子。此系老例”。通常茶司服务一次，即一副担，要来四人，除去各种花销，一个人只能拿到一百文左右的工钱。所以，当时人称此为“各行中之最辛苦烦杂者”。可以想象，如此辛苦的工作，却是如此低酬，无疑是当时茶司经营者众多，竞争激烈所致。

茶司应该是当时的杭州特色吧。不过，当时茶司经营者的经营方式和服务理念，颇有可借鉴之处。

寺院中的茶榜

香蕉树

茶榜是一种佛门公告。

喝茶是丛林日常生活的一部分，至少从南北朝时期开始，茶已经成为寺院中的主要饮品。寺院中喝茶有多种情形，其中比较正式的是茶会，会张贴一纸公告来通知众人，这是茶榜的由来。根据记载，在唐代百丈怀海禅师时已经有一种格式相对固定的茶榜。一般在四时节庆、人事更迭、迎来送往等比较重要的礼节性茶会举办时，会张贴茶榜，广而告之。在《百丈清规》中记载了茶榜的行文格式：

> 堂头和尚今晨斋退，就云堂点茶，特为新命首座。聊旌陈贺之仪。仍请诸知事大众同垂光伴。
>
> 今月 × 日侍司 某敬白

《百丈清规》对于寺院生活的方方面面，都做了较为详尽的规定，其主体部分被当时的大多数寺院遵循。因此《百丈清规》中的这种茶榜格式就流行开来。

总的来说，唐时的茶榜，榜文简洁直白，通告何时、何地、因何举办茶会等事宜。到了宋代，茶榜中的内容日渐丰富，颂茶言禅，渐成时尚。例如惠洪禅师，作为北宋著名禅僧，不仅通晓佛法，而且学识渊博，对于世间学问也颇有造诣。其佛法见地，对后世多有启迪，南宋大慧宗杲、元朝高峰原妙等大禅师都深受其影响。惠洪撰写了好几篇有名的茶榜文，如《请云盖爽老茶榜》《请崇宁茶榜》《请逍遥宜老茶榜》《云老送南华茶榜》等等，较好地阐述了茶禅间的因缘关系，而且思路典雅独特，文采出众，又深具禅意，故而成为传诵一时的茶榜。

南宋的居简禅师也是一个写茶榜的高手，他所撰的《请印铁牛住灵隐茶汤榜》一文，颇可赏玩，其文如下：

> 玉虎何知，先动山中消息；云龙早贡，道膺天上平章。价虽重于连城，产独珍于双璧。恭惟某宠光五叶，一杯分万象之甘；弹压群英，数水劣诸方之胜。方圆制度，清白华滋。笑沩源春梦，不到池塘；眷老圃秋容，尤高节操。颊牙腾馥，四河衮衮无边；襟袖生凉，两腋飕飕未已。
>
> 洞庭君子封下邳，箕裘不坠；洛诵孙父事副墨，文采难藏。试从师友渊源，欲起烟霞沉痼。恭惟某搅杂毒海，设醴奚为；开甘露门，饮河而止。直指单传，其来有自；俱收并蓄，待用无遗。荐醍醐一味之醇，撷芝术众芳之助。行精进定，是上药草，起一

生成佛于膏肓；见善知识，如优昙花，慰千载得贤于季孟。

这篇茶榜是为杭州灵隐寺延请印铁牛禅师出任住持一事而作。印铁牛禅师与居简禅师都是佛照德光禅师的弟子，两人在佛法修持方面各有成就。南宋时的灵隐寺也是皇家寺院，荣膺此职，自然是对印铁牛成就的高度肯定。既然是同修的好事，居简禅师自然责无旁贷。这篇茶榜写得文采飞扬，禅意浓浓。与前人所撰茶榜的差异是，此篇茶榜的重点是围绕“茶叶”本身展开的。玉虎、云龙是灵隐寺自己生产的名茶，在当时弥足珍贵。茶榜即从茶叶在春天悄悄萌生所带来的惊喜开始落笔，随手就描绘了昂贵难得的茶叶征服王公大臣的情景。紧接着，又把茶叶本身的色泽、形态及口感，言简意赅地加以叙述。既然是为寺院所作，自然也不悖主旨，紧绕禅境。

“沩源春梦”之典，是沩山禅师让弟子仰山和香严分别圆梦的故事。仰山和香严二弟子没有多说，仰山端来一盆水，香严奉上一杯茶，沩山心下明白，二人皆已开悟。至于“老圃秋容”，则是借用北宋韩琦《九日水阁》诗中的两句“虽惭老圃秋容淡，且看黄花晚节香”，暗指茶之节操。茶榜用公案和典故来表述求茶的真意和品茶时的内心感受及身体反应，文字轻松又紧凑，而对喝茶的参与者，实有妙笔点化之意。

类似的禅意氤氲、机锋摄人的茶榜还有不少，囿于篇幅，不能多载。但从这些茶榜中我们可以看到，宋代僧人思路较少条条框框，视野更加开阔，对于佛理能有更多维度的觉悟。心笼万象，理物一致，本无异同。只有宋代僧人的这种见地与胸怀，才会催生出“茶禅一味”的理念。

真正在茶榜中传达茶禅精神的是元代著名的《雪庵茶榜》。此茶榜又名《拣公茶榜》《万安寺茶榜》。此茶榜立于当时的皇家寺院万安寺，由高僧雪庵溥光撰文并书写。雪庵的书法功力非同小可，赵孟頫见到他的字后说：“当世书无我逮者，而此书乃过我。”大概是因为此茶榜的书法与文字俱佳，不同于前朝在纸上书写茶榜的惯例，此茶榜以石刻形式立于万安寺中。后来又以石刻形式存于嵩山戒坛寺，此石刻留存至今。

此茶榜原文如下：

> 大都大圣寿万安寺，诸路释教都总统、三学坛主，佛觉普安慧湛弘教大宗师拣公茶榜。昭文馆学大士中奉大夫、特赐圆通玄悟大禅师、雪庵头陀溥光撰并书。
>
> 窃以随缘应物，无非回向菩提；指事传心，总是行深般若。欲破人间之大梦，须凭劫外之先春。伏惟，佛觉普安慧湛弘教大宗师，宝集正宗转轮真子。学冠于竺乾华夏，显密圆通；神游于教海义天，理事无碍。笑辟支独醒于一己，拟菩萨普寤于群生。借水澄心，即茶演法。涤随眠于九结，破昏滞于十缠。于是待蛰雷于鹿野苑中，声消北苑；采灵芽于鹫山顶上，气靡蒙山。依马鸣、龙树制造之方，得法藏、清凉烹煎之旨。焙之以三昧火，碾之以无碍轮，煮之以方便铛，贮之以甘露碗。玉屑飞时，香遍阎浮国土；白云生处，光摇紫极楼台。非关陆羽之家风，压倒赵州之手段，以致三朝共啜，百辟争尝。使业障、惑障、烦恼障，即日消除；资戒心、定心、智慧心，一时洒落。今者法筵大启，海众齐臻，法是茶，茶是法，尽十方世界是个真心；醒即梦，梦即醒，转八识众生即成正觉。如斯煎点，利乐何穷！更欲称扬，听末后句：龙团施满尘沙劫，永祝龙图亿万春。

此文言简意赅地说明了佛法要义，其中还包含了一些禅宗公案，用典恰当，懂得者读起来自然会心一笑。榜文中的“借水澄心，即茶演法。涤随眠于九结，破昏滞于十缠”几句，清晰地阐述了茶在参禅中的作用。参禅之人在进入将定未定的时刻，非常容易产生昏沉、掉举甚至睡眠的情况，这时候，茶的作用就是能够让你进入“无所住而生其心”的状态。这一刻，茶是禅味，禅是茶味，“非关陆羽之家风，压倒赵州之手段”。所起的作用是什么？“使业障、惑障、烦恼障，即日消除；资戒心、定心、智慧心，一时洒落。”除障定心，正是修行之要诀。最终使人豁然贯通，“法是茶，茶是法，尽十方世界是个真心；醒即梦，梦即醒，转八识众生即成正觉”。

此文无疑是对“茶禅一味”内涵的最好诠释。真正理解“茶禅一味”是需要修行境界的。

这位曾经与赵孟頫名声相埒的雪庵大师，在今天声名不彰，甚至许多书法家、习禅者都不知其人，实为憾事。唯愿今后的禅人、茶人、书人入嵩山时，能够抽暇去观摩一下雪庵茶榜的遗迹。

其实赵孟頫大师也有茶榜存世。在《松雪斋外集》就有一篇《请谦讲主茶榜》，原文如下：

> 雷震春山，摘金芽于谷雨；云凝建碗，听石鼎之松风。请陈斗品之奇功，用作斋余之清供。恭惟心如止水，辩若悬河，天雨宝花，法润普沾于众渴；地生灵草，清香大启于群蒙。性相本自圆融，甘苦初无差别。云山牛乳，分一滴之醍醐；北苑龙团，破大千之梦幻。舌头知味，鼻观通神，大众和南，请师点化。

赵孟頫的茶榜重点都是在描绘茶叶，只是略涉佛法，此榜文也甚少被后人提及。但他对于茶事的描摹还是值得赏玩的。

虽然了解茶榜的人不多，但这些茶榜无疑提高了寺院茶生活的质量，也提高了中国茶文化的层次。希望能有更多的人关注茶榜，以期我们的茶文化研究，能够在更高的层次上得到接续。

径山婆泼茶

香蕉树

唐代杭州径山上有一个开小店的老婆婆，日常为上下山的僧俗游人提供些茶水食物。老人家不知姓甚名谁，不显山不露水，貌似平常，却是一个实实在在的禅中高人。

马祖道一禅师在教学中经常让自己的弟子游学四方，而径山总是必到之处。有一天，他的三个弟子上径山参谒径山道钦禅师，途遇一条湍急的溪流阻道，只能回头去想办法。这三位都是深得禅机之人，都不同凡响。他们日后开山立宗，分别被称为池州南泉普愿禅师、庐山归宗寺西堂智藏禅师、蒲州麻谷宝彻禅师，是马祖器重的三高足。南泉门下还出过赵州禅师这样的宗师，其地位之高，由此可见一斑。此时，三人碰到老婆婆，便前去打听道路情况。于是，就有了一番精彩的对话。

“请问施主，上径山的路怎么走？”

“一直走。”老人家回答得很干脆。可不是吗？到哪里、做任何事情都要一直往前，心无旁骛，决不退缩放弃。大概是老人看到他们回头了，才说了此话。

三位高僧都听出了话外之音。于是麻谷宝彻禅师想解释一下：“不知前面的溪流水深吗？能过得去吗？”

老人家说：“能过，不湿脚。”此话有点打趣的意味：你们是修行人吗？这么点小事就把你们给困住了，难道还要我来度你们？其实杭州人都知道，一般横流过小路的溪流上，都会有一些石头放置在那里供过往行人过溪流时踩踏。例如著名的九溪十八涧，一路都是这样的设置。这时候因为流急，水面恰好漫过那些垫脚石，粗粗一看，自然就会忽略掉。

麻谷宝彻禅师有点尴尬，赶紧转移方向，另起题目，问："这里为什么高处的稻子长得那么好，而坡下的稻子却长得惨兮兮的？"三人平时在寺庙里，也经常下农田干活儿，因此对于农作物的生长情况是很了解的。

麻谷宝彻禅师的问话语气虽然平和，却是机锋毕露，言外有责备之意：民以食为天，你不是一个好好种粮食的庄稼人，就不会是一个合格的佛家弟子。你先把眼前本分的事情做好了，再来谈禅吧！

老人家淡淡地回答："反正都是被螃蟹吃掉的。"随口一句话，展现了更广阔的视野。这不是我们种地不尽心，人要活，众生也要生存哪！我们用这个粮食供养众生，不是浪费，而是慈悲。

宝彻禅师感到老人机锋之锐，难以阻挡，就换了个口气道："稻子好香呐！"本想夸一下，以缓和气氛。

不料老人家直接回驳："无香气！"《心经》说"无色声香味触法"，

老人家言下之意是：你们怎么不入空境，还着于如此境界？

这时三人知道遇到真正的高人了，无奈又饿又渴，就想先打尖再说，稍后再展机锋，扳回话头，于是客气地问道："老婆婆家在哪里？"

老人家手一指："就在这附近。"

于是三位高僧跟随老婆婆至店中。

婆婆进店后，自去煎茶一壶，携茶盏三只来到三位高僧的桌边，认真地看着三位说："如果有神通者，就请吃茶。"然后在三只茶盏中注满茶水。

这是什么意思？三位高僧面面相觑，不敢轻易端茶。这三位，在寺庙中与众僧辩驳往还、互逞机锋时轻车熟路，辩才无碍，都是"学院派"的高手。这时候骤遇这么一位老婆婆，听到的是不一样的话语，机锋因之黯然，一时不知道如何应答。

老婆婆淡淡一笑："好吧，那么看老朽显摆神通去吧！"于是随手把茶往地上一泼，茶盏一收，转身就出门走了。

老婆婆真的把茶给泼了！真的……把……茶……泼了！

这种说一不二、当机立断的范儿，着实震撼了三位高僧，也必定给他们留下了深刻的印象。南泉普愿禅师日后开门立宗，发生过一起至今让人们议论纷纷的著名公案：南泉斩猫。我想，南泉在挥剑那一刻，心中浮现的一定是径山老婆婆那份杀伐决断的风范。

老婆婆走了。这一下，名满天下的三位高僧真是颜面扫地，尴尬至极。他们怏怏地出门来，发现老婆婆已经走远了。

何期神通，本自具足。三人恍然大悟。

一个普通的杭州老婆婆，久受佛语禅思的熏染，凭着自己的灵性，居然所得禅悟，不在高僧之下。盏茶之间，机锋盖过了三位大禅师。平心而论，这三位应该共同为这位老婆婆证悟。如此，方不失大禅师的气度也！

苏东坡曾感慨："固知杭人多慧也！"此乃一实证。

高手在民间，绝非妄语。

无著与文殊茶叙

香蕉树

唐代杭州凤凰山圣果寺的无著文喜禅师，出家后一直勤修苦学。他学过律宗，修过忏，听过各种讲法，后又专注于习禅。奈何苦修多年，成绩不彰，他为此苦恼不已。后来，在杭州参谒大慈山的性空禅师时，性空觉得文喜视野不够，于是鼓励他去多方遍参，找到适合自己的修行途径。

立誓苦参的文喜第一站就选了五台山。在金刚窟焚香作礼，参拜文殊菩萨。行香毕，文喜就地打坐入定。一会儿，听到有吆喝牛的声音，睁眼看到，有一个形貌奇异的老翁牵牛在溪边饮水。

文喜于是起身作揖，向老翁诉说想见到文殊大士的愿望。老翁得知文喜尚未吃饭，就邀他入寺。

文喜没想到，他进入的寺院是如此的富丽堂皇，前所未见。落座后，老翁问文喜从哪里来。

文喜大概还在琢磨这里到底是什么地方，没进入聊天状态，便泛泛地答道：“从南方来。”

老翁抓住话头直接切入主题，问：“南方是如何修持佛法的？”

文喜是修过律宗的，持戒严格，老翁的问话戳中了文喜心中的不满，叹道：“唉，末法时代，寺庙中的僧侣都不能认真持戒，各种事情都有发生。”

“那么，一般寺庙中有多少僧众呢？”老翁继续问道。

“不一定。或三百，或五百。”老翁听了心下了然，文喜求学的程

度有限。是时，南方禅宗正是繁荣时期，一般有名师高僧所在的丛林，僧众都是不下千人的。这样的丛林虽然看起来庞杂，但有名师对机施教，又有同修共同探讨，一心向学者会有更多的证悟机会。

说话时，侍应童子送来了茶与酥酪。文喜品尝了酥酪，感觉其味非同寻常，不仅口感好，而且吃后整个人顿时身心愉悦，有豁然开朗之感。

品尝点心后，文喜感觉眼前的老人颇有修为，就把自己心中的疑问端了出来。他本来就是在寻找适合自己的修行方法，此刻就着老人的话问道："此间的佛法又是如何修持的？"

老翁的回答是："龙蛇混杂，凡圣同居。"文喜当时一定没有真正理解这两句话中的深意。老人其实是告诉文喜，眼睛不要只盯着那些不守戒律的人看，在僧众中固然有许多凡夫俗子，但也有超凡入圣的高人。即如凡圣，其差别往往也只在一念之间。所以，千万不要小看了众生，《金刚经》说：“众生众生者，如来说非众生，是名众生。”不一样的观察视角，会产生不一样的心理状态。心不放开，怎么能获得智慧？

文喜特别想知道，这龙蛇与凡圣的比例各有多少。于是又接着问：“那么这里有多少僧众呢？”

老翁说：“前三三，后三三。”

文喜顿时语塞，实在不明白这到底是多少人。迷惘中，他拿起茶盏喝茶，突然发现手中的琉璃茶盏是从未见过的，居然是透明的，隔着盏壁能看到内中的茶水。好奇怪！于是，他开始细细地打量。在当时，这可是来自西域的高档用品，非常难得一见。陕西法门寺地宫出土的唐代文物中，就保存有这样的琉璃盏，说明这个记载不是子虚乌有的。

老翁见文喜这种反应，就问他：“南方有这样的茶盏吗？”

“没有。”

“那么平时用什么吃茶呢？”看似毫无意义的问话，其实也是一种考察，看他在修行中都做了些什么。

佛法不离世间法。眼前万物都不理会，一心只在经论中，怎么可能开悟呢？认真做好日常的琐碎细行，同样也是修行。君不见，六祖慧能在寺庙舂米时，因自己身体瘦小，特意在自己腰上绑上两块大石头以增加体重，来提高干活的效率。禅宗的许多高僧大德，经常会抽时间去摘茶、帮厨、清扫厕所，或去田头地间从事苦力劳作。

文喜一愣，此刻居然想不起寺庙里日常是怎么吃茶的。平时，文喜为了保持清净心，时刻处于持戒状态，没有参与日常的劳作，这必然导致思维受到局限。既无智慧，也没幽默，只能无言以对。后人在评论这段公案时，笑着代文喜回答：“用嘴吃呀！”

随后两人又谈了不少话。文喜受益良多，看看天色将晚，就提出来想要留宿一夜。老翁一口拒绝了：“不可以！因为你还有执着心。”

“本人一切都放下了，没有执着心。”

“你是不是受过戒？”

“受戒很久了。”

“如果你没有执着心，何用受戒？”老翁看到文喜对话时表情严肃的样子，早就知道文喜是被自己所奉的戒律束缚住了。对于一个修行者来说，持戒必不可少，但不能执着于此，尤其不能让执着锁住心行。“应无所住而生其心。”

文喜多年的困惑因此一言而破。那一刻，他开始明白自身的问题所在，心悦诚服，便起身告辞。

侍应童子送文喜出门时，文喜还被刚才的谜题折磨着，悄悄问童子：“前三三，后三三是多少？”

童子大喝一声：“大德！”

文喜本能地应道：“诶！”

童子问：“是多少？”据禅宗的公案记载，许多高僧大德都是在这一喝之中开悟的。它要的是应机当缘，一喝之下，穿透重关、浓雾散尽、皎月当空的圣境，略一迟疑，便落尘境。“临济喝”成为一种教育方式，当然只是用在将悟未悟的修行人身上的。

文喜的修行还没到，或者这种方法不适用于他，这一喝并没有让他开悟。于是他又问：“这里是什么地方？”

“此金刚窟般若寺也。”金刚窟，在佛教界被认定是文殊菩萨的密宅，收藏有大量的佛学典籍与器物，是佛教界享誉天下的著名灵迹，也是佛门弟子心中的圣地。听说这里就是金刚窟，文喜心下恍然：“哦，刚才的老翁就是文殊菩萨。”

得知真相的文喜马上恭敬地对着面前童子行了一礼，并祈求在分别之际能指点一二。童子看着文喜，说了一偈：“面上无嗔供养具，口里无嗔吐妙香。心里无嗔是珍宝，无垢无染是真常。”在童子眼里，文喜只是一个神情严肃、言语无趣、不通世事的修行人，对于不守规矩的佛门中人，有着诸多的看不惯。如果身语意不放下，总是被嗔心纠缠着，必然无法入定，不能证悟。

此偈非常触动文喜，他怔在那里，细细地品味着。等到他回过神来，童子与寺庙都已消失……

这段公案，现在人多半会将其当作神话故事对待，因为他们无法相信传说中的菩萨会在人间现身，并与人交流。说实在的，原来我也不信。不过，如《五灯会元》《佛祖历代通载》《武林西湖高僧事略》《禅林类聚》《指月录》等许多典籍都记载了这段公案，并且，许多著名的高僧大德还对此发表过不少充满禅机的谈话与偈子。

清赏诗茶东坡禅

香蕉树

东坡先生苏轼写过许多蕴含禅意的诗词，也在杭州写了许多诗词，那么有没有与茶相关的禅意诗呢？答案是肯定的。

东坡先生在杭州的时期，正是禅学繁荣兴盛的时期，习佛谈禅蔚为风尚，当时的读书人，面对此流行文化，概莫能外。作为一个无所不能的智者，东坡先生当然是其中高人。东坡先生一生结交了许多高僧大德，仅在他为官杭州时，经常往来论禅的友人中就有不少著名僧人，如佛印禅师、道潜禅师（别号参寥子）、辩才禅师、圆照律师（律宗高僧称为“律师”）、大觉禅师等。另外，东坡先生也研读了大量的佛经，对许多经典了然于胸，在他的文字中，常常会出现源自佛经的语句和概念。

常常浸润于诵经参禅中的人，其思维和对待世事的态度豁达通透，对事物的感悟也异于常人。东坡先生在行文走笔时，这种感悟化作禅意流淌出来，从而形成他独特的文字风格。我们看到，他在杭州所写的诗中常有这样的句子：“山平村坞迷，野寺钟相答。”“行招两社僧，共步青山月。”

当静心细品这些平淡的句子，你能感受到诗中的清幽、静谧、色泽、音声、禅意同在，并随文字进入超然境界。

他给同僚赵令畤的诗：

老守惜春意，主人留客情。

官余闲日月，湖上好清明。
新火发茶乳，温风散粥饧。
酒阑红杏暗，日落大堤平。
清夜除灯坐，孤舟擘岸撑。
逮君帻未堕，对此月犹横。

东坡先生似乎眼睛在看风光，悠闲地品着茶酒，而真实的心意在末两句。天性乐观豁达的他，在静思中体会强大的人生压力，认知苦集灭道的真谛。

又如写给辩才的诗：

美师游戏浮沤间，笑我荣枯弹指内。
尝茶看画亦不恶，问法求诗了无碍。

再如他留宿北山水陆寺时写给清顺僧的诗：

草没河堤雨暗村，寺藏修竹不知门。
拾薪煮药怜僧病，扫地烧香净客魂。
农事未休侵小雪，佛灯初上报黄昏。
年来渐识幽居味，思与高人对榻论。

这些诗，文字优美，描摹了清幽的修竹野寺、清癯的古刹僧人、清雅的品茶赏画和清心的夜榻禅语。尤其那些以出人意表的角度描写的景象，更是隽永，耐人寻味。在杭州，清趣恬淡的格调及内容多样的生活，为东坡先生的写作提供了丰富的素材，而与高僧交往的时时刻刻，都刺激着他的思维神经和感知能力。于是他的笔无法停顿，正如东坡先生自己说的："吾之文如万斛泉源，不择地而出。"在这样的自然环境和人文环境中，东坡先生用他的笔，为我们留下了精彩的杭州纪事，也为西湖文化构筑了其他城市难以望其项背的文学与美学的殿堂。这些精彩的故事里，我们还能够品出其中的禅意。

东坡先生曾经为道潜禅师特别写过一首《参寥泉铭(并叙)》。

叙中的那段记录富有故事性。东坡先生回忆当年在黄州与道潜禅师同游，晚上做梦与道潜禅师一起赋诗，诗中“有‘寒食清明’‘石泉槐火’之句，语甚美，而不知其所谓”。七年后，东坡任职杭州，此时道潜禅师已在杭州。道潜禅师在居住的智果精舍旁“凿石得泉”，泉水尤其清冽。凑巧东坡在寒食来访，于是，道潜禅师“撷新茶，钻火煮泉而瀹之”。茶叙中，东坡先生的这段往事，使“坐人皆怅然太息，有知命无求之意”。兴致所至，东坡先生特为此泉“名之参寥泉”，并挥毫写下《参寥泉铭》：

在天雨露，在地江湖。皆我四大，滋相所濡。
伟哉参寥，弹指八极。退守斯泉，一谦四益。
予晚闻道，梦幻是身。真即是梦，梦即是真。
石泉槐火，九年而信。夫求何伸，实弊汝神。

妥妥的东坡禅！宦场多年的沉浮，使东坡先生对人生有了更加深刻的感悟。“予晚闻道，梦幻是身。真即是梦，梦即是真。”是梦是真，谁辨其奥旨？

在写完《参寥泉铭》后，东坡先生又赋诗一首，其中有句曰：

三间得幽寂，数步藏清深。
攒金卢橘坞，散火杨梅林。
茶笋尽禅味，松杉真法音。
云崖有浅井，玉醴常半寻。

从眼前的景色和食物中，突然冒出禅味和法音，证明了东坡先生悟禅的心未尝稍歇。其实，到处都是禅味与法音，只是凡人浑然不知，无暇理

会而已。也许某一天，当我们身在野山幽林，或独处斗室时，足够的清净心亦能让我们获得那种可以照见五蕴皆空的禅味与法音。

那年重阳，小病初愈的东坡先生禁不住西湖风光的诱惑，泛舟至清净的南屏山，寻访净慈寺僧人梵臻。颇谙养生原理的东坡先生此去即为求茶问禅，并留下诗两首。标题是《九日，寻臻阇梨，遂泛小舟至勤师院二首》：

其一

白发长嫌岁月侵，病眸兼怕酒杯深。

南屏老宿闲相过，东阁郎君懒重寻。

试碾露芽烹白雪，休拈霜蕊嚼黄金。

扁舟又截平湖去，欲访孤山支道林。

其二

湖上青山翠作堆，葱葱郁郁气佳哉。
笙歌丛里抽身出，云水光中洗眼来。
白足赤髭迎我笑，拒霜黄菊为谁开。
明年桑苎煎茶处，忆著衰翁首重回。

诗后有注解曰："皎然有《九日与陆羽煎茶》诗，羽自号桑苎翁，余来年九日去此久矣。"

时光匆匆，岁月无情。生老病死，人生无常。倘若不能醉酒忘忧，那就"试碾露芽烹白雪，休拈霜蕊嚼黄金"，在茶中寻求圣谛三昧吧。想到唐代僧人皎然曾经与陆羽在重阳日煎茶的故事，也笑着步其逸趣作诗记之。东坡先生积极乐观的人生态度，无疑也是得自禅悟。

至于那首《游诸佛舍，一日饮酽茶七盏，戏书勤师壁》，我们可以把它看作一首偈子：

示病维摩元不病，在家灵运已忘家。
何须魏帝一丸药，且尽卢仝七碗茶。

这是东坡先生在净慈寺与僧人梵臻长谈后的感悟，随手用四个典故回答了梵臻的开示，却也蕴含机锋。这是禅的真实面目，所有的回答都是巧妙的暗示，露出一字，就是饶舌。东坡先生的偈子巧妙地透露了自己觉悟的信息，自然得到了梵臻的首肯。

东坡先生在杭州写过许多很美的茶诗，在此无法一一罗列。此刻我欣赏的是这些充满禅意的茶诗，茶禅一味，东坡先生为其做了很好的注解。诗、茶、禅在东坡先生的笔下都能这么优雅地自然组合，无疑展示了他的文学成就。因为禅意的渗透，使得东坡先生的诗文更加耐读、耐品。这一切糅合在一起，就奠定了独特的东坡禅。

名帖中的隐情

香蕉树

这是一个由在杭州的文人共同书写的故事。故事中所涉名帖是《天机乌云帖》，由苏轼书写。

故事的主角是一个叫周韶的杭州女子，故事发生的时候，她身在妓籍。

北宋治平二年（1065）二月，端明殿大学士蔡襄出任杭州知州。蔡襄（字君谟）是北宋名臣，也是著名的书法家、文学家、茶学家。庆历年间，蔡襄主持创制的小龙团茶名噪一时，被皇帝选为贡品。小龙团选料严谨，加工认真精细，堪称制茶工艺的巅峰之作。蔡襄还著有《茶录》一书，对于建茶（产于福建建溪流域的茶）的色、香、味的特点以及茶器，做了细致的介绍。有实践，有理论，北苑茶能在短期内“走红”，《茶录》起了重要的推介作用。

蔡襄到杭州后，处理各种政事得心应手，后人记载说他“日将公事湖中了”。确实，对于政务谙熟于心的蔡襄来说，处理杭州这点事情实在是游刃有余。对于茶事颇有心得的蔡襄在杭州，公务之暇少不得与文士品茗斗茶。同道中虽然不乏懂茶人，但在蔡襄这样高段位的茶人面前，这些人自然是难以望其项背。直到有一天，蔡襄碰到了官妓周韶，于是，故事开始了。

周韶身为官妓，贞静妍雅，会唱曲弹琴，会作诗，谈吐不凡，还喜茶，擅长茶艺，平时留心搜集各处的名茶奇茗。她陪侍南来北往的客人，谈吐优雅，举止可人。蔡襄曾经数次在席中与其斗茶，而数次败于周韶，这无疑引起了蔡襄的兴趣。眼前的佳人是如此可爱，可爱的佳人居然懂茶，甚至还会写诗，这就更加难能可贵了。蔡襄虽然要处理日常公务，却也有足够的时间在西湖山水间与来杭州的亲朋好友、文人士子时相往还。每当这种时候，周韶总是陪侍在侧。相处得熟稔了，已过知天命之年的蔡襄，也不由得被眼前这个清新脱俗的小女子吸引，有些东西开始在心里萌动。

然而，世事难料。蔡襄在杭州任上才一年半时间，其家母病故，于是他丁母忧而辞职回福建仙游的家了。离开杭州前，情愫暗生的蔡襄写了一首诗：

绰约新娇生眼底，侵寻旧事上眉尖。
问君别后愁多少，得似春潮夜夜添。

蔡襄挥毫写下的这个条幅就挂在太守府中一个招待私密好友的小阁壁上。这是写给谁的，“婉约新娇”又是谁，自不必说了。

当时有人在旁步其韵和了一首，条幅也挂在壁上：

长垂玉箸残妆脸，肯为金钗露指尖。
万斛闲愁何日尽，一分真态更难添。

和者是谁？没有明确记载，但从笔意来看，显然是个长发垂肩的女子，此刻陪伴在侧的这个人只能是周韶了。平日里侍奉南来北往客，那都是逢场作戏，笑容也不是发自内心的。只有这一刻，她流露的才是真实的情感。一唱一和，互诉离愁，情真意切。苏轼的评价是，这两首诗“皆可观”，水平不低。

蔡襄走了。身在妓籍的周韶不是自由身，无法追随而去。蔡襄人虽离杭，心里却常常思念着周韶。到后期，蔡襄的身体条件已经不允许他喝茶了，据苏轼记载：“蔡君谟嗜茶，老病不能饮，但把玩而已。看茶啜墨，亦事之可笑者也。”年纪尚轻的苏轼还不能理解一个动了真情的老者，这杯茶

实在是他思念之人的象征。蔡襄斜卧在那里，看杯中氤氲蒸腾，忆想着周韶的音容笑貌、举手投足、一颦一蹙，仿佛周韶就在他身边轻轻细语。蔡襄看自己的身体，不知道是否重逢有日，悲凉心情，谁可诉说？

丁忧中的蔡襄无力外出，好在常有为官期间结交的各种朋友来看望他。有一天，杨畋（字叔武）不远千里来看望他，他非常高兴，甚至与之联床夜谈。此后留下一首诗《杨叔武北堂夜话》，明确表示自己"幽思含九韶"。九韶本是古代的雅乐，也是一种美妙的事物，而其时蔡襄幽思中的"九韶"何所指，似无须多言。

有一天，蔡襄在白日里做了一个梦。他在文章中记录了当时的情况："九月朔，予病在告，昼梦游洛中，见嵩阳居士留诗屋壁。及寤，犹记两句，因成一篇，思念中来，续为十首，寄呈太平杨叔武。"这个梦让蔡襄内心波澜起伏，醒来后还激动不已，随手把记得的两句诗写了下来，并补充两句，合成了这首著名的诗：

天际乌云含雨重，楼前红日照山明。

嵩阳居士今何在，青眼看人万里情。

发生在梦中的，正是他魂牵梦萦的事，于是，“思念中来”。可以看到，这十首诗中还有这样的句子：

修竹萧萧曲槛前，清泉漉漉小池边。

琴中一弄履霜操，人静当庭月正圆。

这正是当时两人相聚的场景。我在此做个合理的猜测：“天际乌云……”两句诗出自周韶之手。后人对这两句诗评价甚高，但却总是找不到诗的出典，仿佛天外飞来之句。佳句在思念的梦中浮现，难怪蔡襄印象深刻。美景佳句，让病中的蔡襄情绪高昂，浮想联翩，一口气写了十首诗，以寄托自己的思念。

相思的摧残如此猛烈，以致蔡襄的身体迅速衰弱下去。此后不久，蔡襄就匆匆离世。二人自此阴阳相隔。

北宋熙宁六年（1073），大臣苏颂到杭州公干，知州陈襄设宴招待，周韶等人侍宴在侧。当时，东坡先生苏轼是杭州通判，自然也出席了。席间，同为福建人的陈襄与苏颂在谈及杭州政事时，必定会说到此时已离世的前太守蔡襄。蔡襄为人为官颇多可取之处，享誉政界、文化界和民间。周韶听着他们的缅怀，不由动情，当场垂泪泣求苏颂帮她落籍（即脱去妓籍），恢复自由身。苏颂指着廊下笼内的白鹦鹉说：“若能以它为题，吟一首好诗，我就替你向陈太守求情。”周韶脱口而出，一吐几年来胸中的抑郁：

陇上巢空岁月惊，忍看回首自梳翎。

开笼若放雪衣女，长念观音般若经。

此时的周韶心灰意冷，陇上（她居住的小山坡上）巢空已多年，蔡襄离去，她的心也随之而去。岁月流逝，不能抚平她心中的思念，斯人已去，心心念念的眷恋无法替代，她必须要珍惜自己的羽毛。当时周韶一身白衣，正好以白鹦鹉自喻，而“长念观音般若经”一句，则流露出她看破红尘，从此遁入空门的想法。苏轼特别出来圆场，说周韶正居丧，故着白衣。东坡先生此时已经读懂周韶，知道周韶白衣为谁而穿。那里寄托着一份放不下、忘不掉的情。

诗成，众人都体会到其中的悲戚之意，看到了周韶挣扎的心，而为其感叹。太守陈襄也不免动容，当即同意帮周韶脱离妓籍。周韶在临行之前，同为官妓的胡楚与龙靓各赠诗一首，胡楚写道：

淡妆轻素鹤翎红，移入朱栏便不同。
应笑西园旧桃李，强匀颜色待春风。

龙靓写道：

桃花流水本无尘，一落人间几度春。
解佩暂酬交甫意，濯缨还做武陵人。

这两首诗也有模有样，颇可一读。这些官伎个个文采出众，难怪东坡先生会感慨：“固知杭人多慧也！”

这段雅事当年曾经传遍杭州，坊间多有议论，周韶的才情和陈襄的慈悲心肠赢得世人一片赞誉。

此事过后不久，陈襄把苏轼约来太守府，并把他带到一个非常私密的茶叙小阁。在小阁的壁上，苏轼看到了蔡襄的条幅及未具姓名者的和诗，心下有感，随即铺陈纸墨，挥毫写就了著名的《天际乌云帖》。他将这段情事的由来及发展，做了大略的记载。东坡先生是个洒脱之人，没有什么等级观念，没有丝毫瞧不起妓人。因此，他的帖子是以赞许的姿态落笔的，没有丝毫的贬义。

看透真相的苏轼，就是从晚年蔡襄写的那首诗切入，记载了这段雅事的前因后果。本着为尊者讳、为贤者讳的用意，没有清楚说明这一切，只是在行文中悄悄地留下了一些线索。整个帖子从蔡襄入手，中心人物却是周韶，个中用意，留待读者自己去体会。

还有一个不能忽略的细节，东坡先生写完此帖，却在后面留下了大片的空白，显然，这空白是为陈襄留的。当时在那小阁中，两人谈论的主题应该就是这件事。陈襄此时已对周韶有了更多的了解，同时他是那场雅集的发起人和参与者。苏轼的本意是想让陈襄来补全这个故事，更全面地讲述蔡周二人的往事。陈襄当时一定顾虑重重：该不该写？怎样写才不至于损及前贤的清誉？踌躇再三，陈襄最后还是没有动笔，给这个故事留下了大片的空白。苏轼想要记录全部故事的意愿未能实现。

东坡对于此事，仍然念念不忘。一年后，他想起这件事，还提笔写了《常润道中有怀钱塘寄述古五首》，其中特别提及“去年柳絮飞时节，记得金笼放雪衣”的情节，似乎在提醒陈襄，应该把这故事补全了。

最终，陈襄还是没能补全这个故事。随着时间的推移，《天际乌云帖》作为东坡先生的墨宝被人精心收藏，旁人难得一见。比东坡先生年纪稍小的赵令畤曾经在朋友处见过此帖，欣喜不已，观赏良久。过后，他凭记忆录下了此帖的大部分内容，他的《侯鲭录》中有专门记载。

一直到元朝，大儒虞集在朋友柯丹丘家见到了此帖。据《道园学古录》记载，因为“卷后多佳纸”，其友柯丹丘求集，于是虞集在原帖上“作诗识其后”，诗的题目是《题蔡端明苏东坡墨迹后》，共赋诗四首。虞集似有所悟，写道：“纵有绣囊留别恨，已无明镜着啼痕。”虞集这个老学究并不喜欢这个帖子，还认为东坡先生记载此事有辱斯文。真是不解风情哪！

还是在元代，杭州的诗人张雨再次见到此帖，应朋友所请，用蔡襄、三官妓和虞集的韵，在此帖后一口气写了九首诗。其中一首为：

听碾龙团怯醉魂，分茶故事与谁论。

纤纤玉腕亲曾见，只有春衫旧酒痕。

张雨是明眼人，他在诗中借当年的茶事，悄悄地描述了蔡周的情事。明代田汝成在《西湖游览志余》中，对这件流传于杭州多年的韵事也有记载。

到元末明初，元四家之一的倪瓒也在帖上题了诗。此帖在明清时期被多位名家所收藏，如董其昌、翁方纲等。这个帖子在清末、民初都曾出版过，因此现在可以看到大量的图片。

一段发生在杭州的真实爱情故事，载于名帖中多年，也在杭人中流传了多年，但明代以后渐渐被人忽略了、遗忘了，确实比较遗憾。本文钩沉索隐于众多典籍，只为讲述这个曾经被杭州人传播了数百年的故事，一个让人唏嘘的爱情故事。

晴窗细乳戏分茶

香蕉树

春天一到，朋友圈里就会出现各种描写春天的古诗词，其中必定少不了陆游的那首《临安春雨初霁》：

> 世味年来薄似纱，谁令骑马客京华？
> 小楼一夜听春雨，深巷明朝卖杏花。
> 矮纸斜行闲作草，晴窗细乳戏分茶。
> 素衣莫起风尘叹，犹及清明可到家。

这首诗我读了几十年，只知道其文字美、意境美，也能享受其中，但始终对“矮纸斜行闲作草，晴窗细乳戏分茶”这两句不甚了了，尤其是后一句。这种不求甚解的陋习大概也是许多读书人的通病。

一探究竟，方知往日的理解未得其要。原来，“晴窗细乳戏分茶”一句所述的内容由于离我们生活的年代过于久远，才不易理解。“晴窗”二字并不难解，在一夜春雨之后，起床时窗外已是阳光明媚，那湿漉漉的窗户也已经被春阳晒干。

接下来的“细乳”二字，是最容易产生歧义的。其实，“细乳”是一种茶叶的名字。《宋史·食货志》中有明确记载：“茶有二类，曰片茶，曰散茶。片茶蒸造，实棬模中串之，唯建、剑则既蒸而研，编竹为格，置焙室中，最为精洁，他处不能造。有龙、凤、石乳、白乳之类十二等。”“细

乳”二字也经常出现在宋人的诗文中，如韩驹有诗句：“细乳分茶纹簟冷，明珠擘芡小荷香。”陆游在他的《入梅》一诗中，也提到过细乳：“墨试小螺看斗砚，茶分细乳玩毫杯。”

至于“分茶”，这是宋代的一种茶艺。分茶之事，是宋人的日常之举。宋人的诗词中多有记载分茶之事的。如李清照的“当年曾胜赏，生香熏袖，活火分茶”和吴文英的“石乳飞时离凤怨，玉纤分处露花香”。又如陈与义《与周绍祖分茶》：“竹影满幽窗，欲出腰髀懒。何以同岁暮，共此晴云碗。摩挲蛰雷腹，自笑计常短。异时分忧虞，小杓勿辞满。”

至于杨万里的《澹庵座上观显上人分茶》更是对分茶过程做了全面而

直观的描写，形象地记录了分茶过程中见到的变化所带来的美的感受与想象：“分茶何似煎茶好，煎茶不似分茶巧。蒸水老禅弄泉手，隆兴元春新玉爪。二者相遭兔瓯面，怪怪奇奇着善幻。纷如擘絮行太空，影落寒江能万变。银瓶首下仍尻高，注汤作字势嫖姚。不须更师屋漏法，只问此瓶当响答。紫微仙人乌角巾，唤我起看清风生。京尘满袖思一洗，病眼生花得再明。汉鼎难调要公理，策勋茗碗非公事。不如回施与寒儒，归续《茶经》传衲子。”这首诗对于我们体会分茶之趣无疑是有启示作用的。

蔡京还记载宋徽宗在宫里分茶的情景，描写的茶“白乳浮盏面，如疏星淡月”，达到了一个很高的境界。一个大臣吹捧皇帝，其真实性多半是要打折扣的。然而，这里所捧之人是宋徽宗，我们基本是可以相信的。宋徽宗是一位大艺术家，还著有研究茶事的《大观茶论》一书，是一个地地道道的行家里手。可见，上自王公贵族，下到普通文人士子和寺庙中的僧人，都会分茶。分茶作为实际生活中的一项内容，又能在过程中充分体验想象之美与创作之趣，这可以说是当时的人对于分茶乐此不疲的一个重要原因。

分茶要将茶叶碾碎后用沸水冲泡，饮者最后是将茶叶一起喝掉的。自元明以后，人们的喝茶方式渐渐改变，“分茶”二字也就慢慢地淡出了人们的生活，淡出了人们的记忆。将这些背景知识交代清楚，再读此诗，会有一个更清晰的理解。

当然，我们在赏读此诗时，有些情况也应该注意到。大多数人一夜无眠，第二天起床后必然是头昏脑涨，精神不济，情绪低落。但陆游并没有表现出低落的状态。要知道，当时的陆游已是一个年逾花甲的老人，他客居杭州，等待着“分配工作”。然而诸事不顺，使其深深体会到世态炎凉、人情淡薄。可是他在理想不遂、处处无奈之际，却能咏出“矮纸斜行闲作草，晴窗细乳戏分茶”这样脱俗的佳句，显然，这是需要强大的内心支撑的。我认为，从这两句诗体现的心境来看，诗人当时应该是刚刚禅坐下来，经过呼吸调适，身体已无不适，内心清明豁然，所以才能以如此通达的心态淡然面对世事。可能很多人不知道，真实的陆游是一个禅修高人，打坐是他的日常功课之一。他在《杂感》诗中说自己“拥裘南窗下，坚坐试定力。炉香亦不散，伴我到嘿黑”。在当时的医疗条件和生活水准下，陆游能够活到八十六岁，无疑与他能坚持禅坐有很大的关系。人生在世，何必自抑，不必挂怀。世事不顺，无须介意，人生也可以以“闲”“戏”之心来面对。

在了解了陆游写诗时的状况后，我们会对这首诗有更深的理解，同时，内心也会涌起更多对诗人的敬意。

我释“吃茶去”

香蕉树

南宋时期杭州灵隐寺有一位僧人释普济，他编撰了一部书叫《五灯会元》，只为记载禅宗高僧事迹。书中有许多与茶有关的公案，最著名的自然是赵州禅师的“吃茶去”。

此公案的内容很简单。“师问新到：‘曾到此间么？’曰：‘曾到。’师曰：“吃茶去。”又问僧，僧曰：‘不曾到。’师曰：‘吃茶去。’后院主问曰：‘为甚么曾到也云吃茶去，不曾到也云吃茶去？’师召院主，主应喏。师曰：‘吃茶去。’”（参见《五灯会元》卷四）

前两句“吃茶去”，是赵州禅师菩萨心肠，宽慰新来的僧人先融入僧众，不要着急，不要有压力。真正禅机深蕴的是第三句回答，此语的表面意思是“自己去参”。院主作为寺院的管理者，跟随赵州禅师多年了，应该说是具有较高的佛学修为的，在这样一个难得的机缘中，赵州禅师恰到好处的一语对院主来说无异于当头棒喝。书中没有下文，但这一句“吃茶去”无疑是指向月亮的手指，院主就此开悟得道，当是情理中事。

赵州禅师的“吃茶去”自此成为经典，在禅林中几乎成为某种语境下棒喝问道者的代名词。《五灯会元》中对这样的事迹有很多记载。

如洪州同安院常察禅师的事迹。“问：‘远趋丈室，乞师一言。’师曰：‘孙膑门下，徒话钻龟。’曰：‘名不浪得。’师曰：‘吃茶去！’僧便珍重，师曰：‘虽得一场荣，刖却一双足。’”（参见《五灯会元》卷六）

如漳州保福院从展禅师的事迹。“一日，庆谓师曰：‘宁说阿罗汉有三毒，不可说如来有二种语。不道如来无语，只是无二种语。’师曰：‘作么生是如来语？’庆曰：‘聋人争得闻？’禅师笑曰：‘情知和尚向第二头道。’庆曰：‘汝又作么生？’师曰：‘吃茶去。’”（参见《五灯会元》卷七）

还有从展禅师的事迹。“问：‘如何是教外别传底事？’师曰：‘吃茶去。’”（参见《五灯会元》卷七）

又如杭州西兴化度院师郁悟真禅师的事迹。“僧问：‘如何是西来意？’师举拂子。僧曰：‘不会。’师曰：‘吃茶去。’”（参见《五灯会元》卷七）

又如福州莲华永福院从弇超证禅师的事迹。“问：‘不向问处领，犹有学人问处，和尚如何？’师曰：‘吃茶去。’”（参见《五灯会元》卷七）

再如福州闽山令含禅师的事迹。“僧问：‘既到妙峰顶，谁人为伴侣？’师曰：‘到。’曰：‘甚么人为伴侣？’师曰：“吃茶去。”（参见《五灯会元》卷八）

有些问答禅机深深，如泉州福清行钦广法禅师与僧人的问答。“问：‘如何是谈真逆俗？’师曰：‘客作汉问甚么？’问：‘如何是顺俗违真？’师曰：‘吃茶去。’问：‘如何是然灯前？’师曰：‘然灯后。’于是此人问：‘如何是然灯后？’禅师说：‘然灯前。’此人追问：“如何是正然灯？”禅师曰：“吃茶去。”（参见《五灯会元》卷八）

洪州百丈道恒禅师上堂讲法很有特点，僧众才聚集起来，他就说“吃茶去”；有时僧众刚坐好，他便道“珍重”，然后下课；有时僧众刚聚集，他就说“歇”。于是后来有颂曰：“百丈有三诀：吃茶、珍重、歇。”（参见《五灯会元》卷十）

还有几位禅师与僧人的问答颇具禅机，如杭州灵隐文胜慈济禅师与僧人的问答。“僧问：‘古鉴未磨时如何？’师曰：‘古鉴。’曰：‘磨后如何？’师曰：‘古鉴。’曰：‘未审分不分？’师曰：‘更照看。’问：‘如何是和尚家风？’师曰：‘莫讶荒疏。’曰：‘忽遇客作甚么生？’师曰：‘吃茶去。’”（参见《五灯会元》卷十）

又如泉州庐山小谿院行传禅师与僧人的问答。“僧问：‘久向庐山石门，为甚么入不得？’师曰：‘钝汉。’僧曰：‘忽遇猛利者，还许也无？’师曰：

‘吃茶去。’”（参见《五灯会元》卷十三）

潭州大沩月庵善果禅师上堂讲法：“心生法亦生，心灭法亦灭。心法两俱忘，乌龟唤作鳖。诸禅德，道得也未？若道得，道林与你拄杖子。其或未然，归堂吃茶去。”（参见《五灯会元》卷二十）

多有意思啊！不一样的问话内容，不一样的对话场景，皆可以一句“吃茶去”了之。不入境的旁观者当然是一头雾水，而问者、答者自然心下了然。既然参禅最终要突破的是自我，禅悟就只能靠自己去完成。

禅宗崇尚“以心传心”，讲究“心法”，不落文字，甚至主张“举念即乖，开口便错”。是故，我们往往读不到禅宗高僧们的长篇大论，只能读到片言只语。或许因为“吃茶去”的公案太有名，为僧人们熟知，所以，在很多情况下禅师会借用这句“吃茶去”，恰到好处地去惑除障、传授心法。

有人问，参禅为什么要“吃茶去”？难道禅在茶中？有人甚至由此误解了“茶禅一味”的真意，紧抓“味”字大做文章。其实此味乃是法味，而非茶味。本来，万事万物中皆具禅意，参禅者“逢茶即茶，逢饭即饭”，并不拘泥于一事一物。在云门禅师看来：“雪峰辊球，禾山打鼓，国师水碗，赵州吃茶，尽是向上拈提。”这几个著名公案所传递的意旨是一致的。

禅师们之所以喜欢用茶来作为“教具”，乃是因为茶是寺院中僧人们最常喝的饮品。茶伴随着僧人们的日常活动，诸如参禅打坐、诵经念咒、请人说法、超度行忏、接待访客、主持离任或新主持受嗣等，皆有一定的仪轨程式鸣钟行茶。《百丈清规》中对茶事有详尽规定，僧人们对此一定感觉熟识而自然。禅师们喜欢说“吃茶去”，自然在情理之中。

每读此公案，我总觉得用今天的普通话发音来说“吃茶去”，显得单薄，甚至不伦不类，不能完全传达当年那些禅师的旨趣。首先这个“吃”，应当写成“喫”（繁体字“吃”），至于读音，当用杭州话读，才更具内涵、更接近古意。自南宋之后，历元、明、清以至近现代，杭州人一直保持着“喫茶”的传统，也总是把“喫茶去”挂在嘴上，我想，这应该是遗留在杭州的一份语言化石吧！无疑，“喫茶”是杭州民俗中的一项非常重要的内容，大概是太频繁之故，杭州人自己反而浑然不觉了。20世纪七八十年代，我多次接待外地亲友游杭州，他们无不对西湖周边的茶室之多感到惊奇。

记得有一位朋友在西湖边的一家茶室门口对我说：“你们杭州人就泡在一个大茶壶里。”

你觉得有道理吗？要是不明白，杭州人只能对你说：“喫茶去。”

杭州茶人许次纾

香蕉树

对于生活在杭州的茶客来说，明人许次纾的《茶疏》或许是一部很有价值的茶书。此书在当时就颇得众多茶道中人推许，认为其“得茶理最精”。清代的厉鹗在《东城杂记》中，称赞其同乡此书“深得茗柯至理”，可“与陆羽《茶经》相表里”。

许次纾，字然明，杭州人，主要生活在明代的隆庆、万历年间。因为自幼跛脚，身有残疾而不能求取功名，故布衣终身。许次纾没有被自身的条件所局限，用功甚勤，因而精通笔墨，诗文创作颇多，且“擅声词场”，著有《小品室》《荡栉斋》等，可惜大都失传，唯有《茶疏》存世。

明代晚期，江南一带由于富庶繁盛，士子众多，社会中弥漫着玩乐风气。士人们不像原来那么热衷于功名，而是无拘束地娱情声伎，流连于笙歌酒宴。杭州本来就是文人墨客麇集之地，众多的风雅之士喜欢在这里聚会，热情好客的许次纾有机会结交了许多名满一时的朋友，如冯梦祯、黄贞父、吴伯霖、张仲初、冯开之等文艺界翘楚。

许次纾曾与同乡好友许世奇一起“游龙泓，假宿僧舍者浃旬”。他们在龙井寺一住十天，每日“品茶尝水，抵掌道古。僧人以春茗相佐，竹炉沸声，时与空山松涛响答”，真乃平生雅趣之至也！幽雅的环境、地道的龙井茶，加上甘醇的泉水，许次纾不由得萌生一个念头：“余当削发为龙泓僧人矣。”

那时的人，能玩也会玩。许次纾虽然玩石、玩书画，却偏偏对茶情有独钟，人称有“嗜茶之癖”。他对茶的喜欢并没有停留在玩与欣赏的层面，他还在思考、探究什么样的茶与水能使茶味更佳。他不迷信前人的说法，诸事都要自己去求证。

陆羽特别推崇吴兴顾渚茶，并认为顾渚茶则以明月峡所产的乃“最佳者也”。许次纾在吴兴有个朋友姚绍宪，是他的石友兼茶友。姚绍宪爱茶，同时也是一个实践者，他为了品尝到陆羽推崇的上乘佳茗，竟然自己在明月峡中开辟了一个小茶园，每年摘取新茶用以研究判别，经过多年的努力，终于得其要诀，“臻其玄旨”。许次纾知道朋友践行的雅事后，每年茶期一到，他必造访姚绍宪家，一起“汲金沙、玉窦二泉，细啜而探讨品骘之”。姚绍宪也非常大度地将“生平习试自秘之诀，悉以相授”。许次纾在此受益匪浅。

一味好茶，本是多种因素共同作用而产生的。因此，许次纾对茶事的关注，自然涉及方方面面。对于龙井茶，他认为“钱唐之龙井，香气浓郁，并可雁行，与岕颉颃”，不输于顾渚紫笋。在杭州走多了，他发现“钱塘诸山，产茶甚多。南山尽佳，北山稍劣”。因为北山的茶叶施的粪肥太多，虽然叶子容易长大，但茶香、味道反而不如南山所产的。

对于泡茶，他有一个精妙的比喻，“论茶候，以初巡为停停袅袅十三余，再巡为碧玉破瓜年，三巡以来，绿叶成阴矣”。所以他提倡，茶就喝两道水，留着剩茶可在“饭后供啜漱之用”。至于待客，“宾朋杂沓，止堪交错觥筹；乍会泛交，仅须常品酬酢”。什么时候品佳茗呢？“惟素心同调，彼此畅适，清言雄辩，脱略形骸，始可呼童篝火，酌水点汤。”

至于什么时候喝茶感觉最好呢？许次纾深心推许的状态是：

> 心手闲适，披咏疲倦，意绪棼乱，听歌闻曲，歌罢曲终，杜门避事，鼓琴看画，夜深共语，明窗净几，洞房阿阁，宾主款狎，佳客小姬，访友初归，风日晴和，轻阴微雨，小桥画舫，茂林修竹，课花责鸟，荷亭避暑，小院焚香，酒阑人散，儿辈斋馆，清幽寺观，名泉怪石。

这真是一个有情趣的风雅茶人呐！

若要经常喝到好茶，就要保存好茶，因而茶叶的收藏同样不可忽略。许次纾推荐的方法也是因地制宜，大量使用“厚箬（粽子叶）”，“收藏宜用瓷瓮”，在瓷瓮内里都围上干燥的厚箬，中间存入茶叶，“须极燥极新”，“茶须筑实，仍用厚箬填紧”，然后在瓮口再覆盖上箬竹叶，并“以真皮纸报之，以苎麻紧扎，压以大新砖，勿令微风得入”。这样保存的茶叶，“久乃愈佳，不必岁易”，时间长了品质也不会受影响。

许次纾深知茶与水的关系，因此他还“好品泉”。在杭州，“两山之水，以虎跑泉为上。芳洌甘腴，极可贵重……其次若龙井、珍珠、锡丈、韬光、幽淙、灵峰，皆有佳泉，堪供汲煮。及诸山溪涧澄流，并可斟酌。独水乐一洞，跌荡过劳，味遂漓薄。玉泉往时颇佳，近以纸局坏之矣”。显然这是反复踏勘、品鉴、比较后得出的结论。品泉达人许次纾还在全国各地巡历、探求、品尝，在《茶疏》中自称：“余所经行吾两浙、两都、齐鲁、楚粤、豫章、滇黔，皆尝稍涉其山川，味其水泉。”

另外，对于喝茶的环境、处所、宜忌、工具，出游时的喝茶装备，等等，《茶疏》皆有记载，内容非常广泛。

正是在奔波考察、实地探求、观察品尝等诸多的实际操作中，许次纾渐渐悟得茶理精髓，完成了《茶疏》的写作。他的朋友许世奇读完此书的感觉是“香生齿颊，宛然龙泓品茶尝水之致也”，对此书推崇备至。由于《茶疏》具有深厚的实践背景，而不是单纯出自书斋茶室的文人戏娱之作，因此《茶疏》是明代众多的茶书中最有价值的著作之一，同时，也在历代茶书中具有重要地位。

读罢此书，我不由得对许次纾这位前贤心生敬意。

许次纾是一位不该被遗忘的杭州茶人！

明代的茶书

香蕉树

近日检索史料，发现古代居然有那么多记载茶事的典籍。我们往往粗心地忽略了这些茶书在默默诉说着的历史信息：这些茶书是一个时代繁荣发达的重要标志！

按照传统的叙事逻辑，我们要证明一个时代的繁荣与否，大致上会叙述这个时代的政治清明、经济发达、工商业繁荣、赋税和人口增加等要素，并罗列相应的数字。在这些对盛世荣景的描述中，往往会忽略掉最能反映时代精神的文化要素。唐诗、宋词、元曲、明清小说等被人熟知的艺术成就固然是一个方面，而茶书这种既能精确体现人们日常生活内容，又能充分传达士大夫内在格调的文化作品，也能够真实地展示这个时代的核心层面。

当我们从这个独特的角度来回顾历史时，应该先了解茶书通常都出现在哪几个朝代。检索后会发现一个特点，这些茶书大多撰写于经济水平比较高且承平日久的年代。毕竟，要写成这些书必须有相应的外部环境，也需要有优容娴静的内在心态，同时要具备宽阔的眼界、丰富的学识、高雅的品位和一定的实践经历，由此才能懂茶之异同、品茶之高下、得茶之真趣、悟茶之妙理。

纵而观之，符合这些条件的，大概只有唐、宋、明这样的朝代。确实，完整意义上的茶书的出现，自唐代陆羽的《茶经》始。此外，唐代茶书还有裴汶的《茶述》、张又新的《煎茶水记》、苏廙的《十六汤品》、温庭筠的《采茶录》等等。宋代著名的茶书有宋徽宗的《大观茶论》、陶谷的《荈茗录》、朱子安的《东溪试茶录》、黄儒的《品茶要录》、蔡襄的《茶录》、熊蕃的《宣和北苑贡茶录》、审安老人的《茶具图赞》等二十多部，作者们的视野明显更加广阔。

茶书的爆炸性增长，则是在明代。在此，有必要先将有名可考的明代茶书具录于下：

朱权《茶谱》、谭宣《茶马志》、沈周《会茶篇》和《过龙茶经》、周庆叔《岕茶别论》、陈讲《茶马志》、钱椿年《茶谱》、赵之履《茶谱续编》、顾元庆《茶谱》、真清《水辨》和《茶经外集》、佚名《泉评茶辨》、胡彦《茶马类考》、田艺蘅《煮泉小品》、徐献忠《水品》、陆树声《茶寮记》、徐渭《茶经》、朱日藩等《茶薮》、孙大绶《茶经水辨》《茶经外集》和《茶谱外集》、程荣《茶谱》、陈师《茶考》、胡文焕《茶集》、张源《茶录》、张谦德（后改名丑）《茶经》、许次纾《茶疏》、程国宾和程用宾《茶录》、高元濬《茶乘》、徐勃《茶考》和《蔡端明别记》、罗廪《茶解》、冯时可《茶录》、闻龙《茶笺》、佚名《茶品集录》、邢士襄《茶说》、屠本畯《茗笈》、佚名《茶品要论》、夏树芳《茶董》、陈继儒《茶董补》和《茶话》、屠隆《茶笺》、龙膺《蒙史》、喻政《茶集》和《茶书》、朱祐槟《茶谱》、徐𤊹《武夷茶考》和《茗谭》、顾起元《茶略》、熊明遇《罗岕茶记》、程百二《品茶要录补》、黄龙德《茶说》、何彬然《茶约》、赵长白《茶史》、胡文焕《新刻茶谱五种》、吴从先《茗说》、曹学佺《茶谱》、李日华《运泉约》和《竹懒茶衡》、万邦宁《茗史》、冯可宾《芥茶笺》、华淑《品茶八要》、王毗《六茶纪事》、陈克勤《茗林》、郭三辰《茶荚》、黄钦《茶经》、周高起《洞山岕茶系》和《阳羡茗壶系》、王启茂《茶镗三昧》、邓志谟《茶酒争奇》、徐彦登《历朝茶马奏议》、吴旦《水辨》、冒襄《岕茶汇抄》等，总计约八十种。

虽然最早的茶书出现在唐代，但受制于印刷技术，那时的茶书数量并不多。到了宋代，社会更加富裕，加之印刷术出现了前所未有的进步，与社会发展相匹配，茶书数量大幅增长。

明代出现那么多的茶书，无疑是当时社会繁荣程度超过唐宋的证明。明代茶书的大量出现其来有自。社会总会向前发展，即使有曲折和反复，也不会改变其大方向。因此，明代超越唐宋是历史的必然。当然，还有以下几个原因不能忽略：

首先，经济文化发展繁荣。在明代中后期，江南地区工商业的繁荣及社会的富庶程度达到历史高峰，人们普遍过着饱足的日子。那个时期，也是中国文化的大发展时期，各种小说、戏剧大量产生，书画名家比比皆是，并且佳作迭出。经济文化的发展逐渐改变着士人的观念，士人不再以入仕为唯一追求，甚至不少官员弃官离职，随心所欲地沉溺笙歌，或者寻禅问道，徜徉于山水之间，诗词歌赋，唱和往还，这些生活内容中都会很自然地融入风月茶酒。茶在人们生活中的地位与作用日趋突出，人们对于茶事的关注度就有了相应的提高。

其次，喝茶方式产生了变化。明代人们的喝茶方式逐渐有了改变，原来的点茶已逐渐没落。一是因为点茶所需的茶具繁多，且过程复杂，因此不适合当时的生活节奏。二是当时的文人在生活中开始更多地追求自然真趣，追求细节。其时，人们开始讨厌在茶中添加种种的佐料，喝茶就应当饮茶之本原清味，如田艺蘅在《煮泉小品》中直白地指出：用碎末做成的团茶、片茶“既损真味，复加油垢，即非佳品，总不如今之芽茶也。盖天然者自胜耳”。在他看来，这是不用多解释、多比较的，喝一口就高下立判。当时，流行的饮茶方式是泡茶，人们更多地关注茶的味道及茶味传递的不可言说的内在精神，形式逐步让位于内容。

最后，茶叶产区和种类大量增加，使人们在品茶时有了更多的选择和比较。而对于泡茶的水，对于各种茶具的应用，也发展出更多的茶事知识。种种情事的变化，无疑使当时的士子们有了更多写作茶书的愿望，加上江南一带刻书业的发达，大量的茶书也就应运而生了。

可贵的是，这些茶书的著述者，几乎都会登峰临谷，进入茶区踏勘，探访茶圃茗园，考察环境及制作情况，他们多少懂一点实际种植技艺。他们也常常不惜跋涉，寻泉探瀑，与翰卿墨客、缁流羽士对坐悟茶。时时处处，他们都以一种特别的精神投身其中，就如罗廪在《茶解》中说，毕竟茶事“蕴有妙理，非深知笃好不能得其当”。

茶中之秀——女儿茶

米马

近日翻看书籍，发现中国庞大的茶家族中，有款茶叫“女儿茶”。女儿茶历史悠久，连文学大家曹雪芹的《红楼梦》中也有写到女儿茶。《红楼梦》第六十三回写到，袭人、晴雯二人对宝玉说：“焖了一铫子女儿茶，已经喝过两碗了……”

查阅相关资料，我始知女儿茶并非杜撰，而是一种真实的历史存在，并且还分为泰山女儿茶和云南女儿茶。

泰山女儿茶明代就有记载。明人李日华的杂著《紫桃轩杂缀》中说：“泰山无好茗，山中人摘青桐芽点饮，号女儿茶。”

明末查志隆等编的《岱史》也有女儿茶的记载：“茶，薄产岩谷间……山人采青桐芽，号女儿茶。”据文献记载：泰山扇子崖阴谷有许多青桐，故称为青桐涧，每逢初春，青桐吐绿，其外形纤巧，味道鲜嫩清香。青桐芽是一味中药，有益养生，故广为百姓喜爱。也许因其外形和口味容易让人想起清纯、善良的少女，故得名“女儿茶”。

当然，泰山地区还流传有各种版本女儿茶来历的民间传说，其中之一就与古代帝王泰山封禅有关。据说每当帝王来泰山，必由地方官选择当地秀美少女采来泰山深处宝贵的青桐嫩芽，以泰山泉水冲泡，供奉给帝王品尝，故名“女儿茶”。

确切地说，最早的泰山女儿茶并不是纯粹意义上的茶，而是由青桐嫩芽制成的饮品。自 1966 年起，泰山开始引种茶树，并沿用了女儿茶的名字，此后便有了真正的泰山女儿茶。

如今的泰山女儿茶属炒青绿茶。因泰山水质优良，昼夜温差大，茶树种植的天然条件较好，故该茶香郁味浓，叶体肥厚，耐冲泡，且汤色碧绿，有浓郁的泰山板栗幽香。泰山女儿茶成品叶型曲卷秀丽，冲泡时茶叶漂浮，恰似一群在水中翩然起舞的美丽姑娘。

除泰山女儿茶外，云南自古也有女儿茶。而且云南的女儿茶似乎血统更加纯正，因为女儿茶历来是云南普洱茶中的一个品种。

清代，普洱茶中的女儿茶便是每年献给朝廷的贡品之一，想必此茶定是普洱茶极品中的极品。

关于历史上的云南女儿茶有两种说法。其一，清代张泓（生卒年不详）所著的《滇南新语》有言：“普洱茶珍品，则有毛尖、芽茶、女儿之号。毛尖即雨前所采者，不作团，味淡香如荷，新色嫩绿可爱。芽茶，较毛尖稍壮……女儿茶亦芽茶之类……”“不作团”指的是不做成型的散茶。从张泓所述，我们可知：女儿茶是芽茶，属普洱茶中的珍品。

至于女儿茶的名称来历，《滇南新语》说女儿茶“皆夷女采制，货银以积为奁资，故名”，意为女儿茶皆由未出嫁的女子采摘，卖掉茶叶以攒嫁妆钱，所以称为“女儿茶”。

其二，清代阮福的《普洱茶记》中也有记载：“采于三四月者，名小满茶；采于六七月者，名谷花茶。大而圆者，名紧团茶；小而圆者，名女儿茶。女儿茶为妇女所采，于雨前得之，即四两重团茶也。”这个记载所说的女儿茶是一种采于谷雨前、四两重的团茶。

不管哪种说法，有一点是相同的，那就是云南女儿茶为雨前名茶，均因由女子采摘而得名。

原来各地不同的女儿茶都有着其来历。无论是泰山女儿茶，还是云南女儿茶，都与妙龄少女相关。我眼前立马出现一幅画卷：蓝天白云，茶山碧绿，身着彩衣的姑娘点缀其间，她们双手上下翻飞，茶篓渐满，美不胜收。我顿觉女儿茶有种清新脱俗、赏心悦目之感。

从历史长河中缓缓走来的泰山女儿茶和云南女儿茶，真不愧为一南一北有故事、别具一格的茶中之秀。

福州茉莉花茶为什么这样香

吴依殿

我出生在福州市仓山区仓山镇吴厝顶村，记得小时候村前小鱼塘连片，塘边都种茉莉花，村后的长安山也是满山的茉莉花。一到夏天，村里妇女中午便开始忙着采花，傍晚用网袋和箩筐装着茉莉花送往闽江大桥南头的茶厂。当时仓山农村面积很大，家家户户都种花，有的还制茶，福州有一句民谣："闽江边口是奴家，君若闲时来吃茶，土墙、木扇、青瓦屋，门前一田茉莉花。”整个夏天茉莉花香飘遍仓山，仓山被誉为“琼花玉岛”。

我退休后在福州海峡茶业交流协会工作，有机会接触了一些福州茶界的老人，了解到一些福州茉莉花茶的发展历史。

早在汉代，茉莉花经由海上丝绸之路传到福州。当然，关于茉莉花为什么可以从那么远的地方传到中国，是怎样来到中国的，有很多种说法，总之，茉莉花从此在中国福州落地生根了。

北宋年间，福州已经是茉莉满城，《瓯冶遗事》有记载“果有荔枝，花有茉莉，天下未有”，指的就是福州。福州乌山上至今仍保留有北宋年间福州太守柯述的题刻“天香台”，这里的天香就是指茉莉花香。

福州地处东南沿海，闽江穿城而过与乌龙江交汇，城内三山与鼓山、五虎山遥相辉映，属于典型的河口盆地、亚热带海洋性季风气候，福州市区四周的山海拔多在六百至一千米，日照时间短，日光多散射，云雾缭绕，十分利于种植茶树。福州是历史上有名的贡茶产地，自古就出产名茶，方山露芽、鼓山柏岩茶、罗源七境茶均是贡茶。

盆地中心的冲积平原为沙壤土，肥力高，水分足，扦插茉莉易成活，昼夜温差大，出产的茉莉花品质好。我国有六十多个茉莉花品种，主要有单瓣茉莉和多瓣茉莉之分，单瓣茉莉是福州独有的，且具独特清香。福州形成了“山丘栽茶树，沿河种茉莉”的合理利用自然资源的种植格局。民间俗语“闽江两岸茉莉香，白鹭秋水立沙洲”就是对这种美景的生动描述。

茉莉花茶始于宋朝时的福州。勤劳聪明的福州人充分利用福州茉莉花独特的香气，让茶与花从相望走向相融。福州茉莉花茶制作工艺成熟于明朝，明朝朱权的《茶谱》对福州茉莉花茶的制作工艺有比较细致的说明。清朝后期是福州茉莉花茶的兴盛时期，咸丰年间，由于福州人才辈出，在朝中上层官员，特别是海军和对外交往中占据重要地位，福州茉莉花茶在京津一时成为宫廷贵族、外国商人的高档消费品。

史料记载，慈禧太后对茉莉花有特别的偏爱，规定她之外的人均不可簪茉莉花。福州茉莉花茶逐渐成为贡茶。福州因此迅速成为全国茉莉花茶的窨制中心和集散地。福建省外的名茶如毛峰、大方、龙井等纷纷调入福州窨制成茉莉花茶。1860 年，福州茶叶出口达四百万磅（折合约一千八百一十四点四吨），占全国茶叶出口总额的 35%，1900—1931 年福州城内经营茉莉花茶生意的省内外茶商有八十多家，还结成了天津帮、平微帮等。

1872 年，俄国人在福州泛船浦开办的阜昌茶厂，是我国历史上最早的机械制茶厂。到 1933 年，福州茉莉花茶产量增至七千五百吨。外国商人先后来福州开洋行，据史料记载，1889 年福州茉莉花茶出口量为世界最大。随后，在仓山区烟台山建了许多办事处，福州逐渐成为世界最大茶港，经由福州港这个控海咽喉，茶叶等物品通过海上丝绸之路漂洋过海，畅销南洋和欧美。

福州茉莉花茶为什么深受世人喜爱？关键是我们的祖先不断传承和发扬一千多年的独特窨制工艺，以及福州得天独厚的自然环境生产出的优质茉莉花和茶。严格的保密和传承，使得福州茉莉花茶独特的窨制工艺，在数百年间均未传到其他国家，目前世界上没有其他国家能窨制茉莉花茶。

窨制，也叫熏制，简单地讲就是利用茉莉花吐香和茶叶吸附，将茶味与花香融合。制作好一款纯正的福州茉莉花茶，如果是九窨，仅仅窨花就要经过八十一道工序，再加上前期原料茶杯、茉莉鲜花的选择、伺花等，制作技艺的繁复让外人始终难以一窥门道。

福州茉莉花茶用花选料精良。中低档福州茉莉花茶用春花和后期秋花作为窨制原料，以伏花提花；高档福州茉莉花茶的窨制全部以伏花为原料，以单瓣茉莉花提花，由此造就了福州茉莉花独有的高品质，其香气鲜灵持久，滋味醇厚鲜爽，汤色黄绿明亮，叶底嫩匀柔软。

经过一系列工艺流程窨制而成的茉莉花茶，具有安神解郁、健脾理气、抗衰老、提高机体免疫力的功效，是一种健康饮品。据说，慈禧太后在冬天就一直饮用茉莉花茶养生。2014 年 11 月，花茶制作技艺（茉莉花茶窨制工艺）被列入第四批国家非物质文化遗产代表性项目名录。中国科学院原院长卢嘉锡曾称赞过，福州茉莉花茶窨制工艺蕴含的原理十分科学，是古代人民智慧的结晶。难怪 2011 年 10 月国际茶叶委员会主席迈克・本斯顿来福州考察时，赞福州茉莉花茶“在中国的花茶里，可闻春天的气味”，并授予福州“世界茉莉花茶发源地”的称号。

2014 年 4 月，福州茉莉花与茶文化系统被列入全球重要农业文化遗产项目名录。我国农业项目获此荣誉的为数不多。什么叫“全球重要农业文化遗产”（简称 GISHS）？联合国粮食及农业组织（FAO）将其定义为：“农村与其所处环境长期协同进化和动态适应下所形成的独特的土地利用系统和农业景观，这种系统与景观具有丰富的生物多样性，而且可以满足当地社会经济与文化发展的需要，有利于促进区域可持续发展。”

福州茉莉花与茶文化系统成为全球重要农业文化遗产，这是福州人的荣誉，保护和发展这一世界遗产的责任又落在我们身上。福州市政府把做大做强茉莉花与茶文化产业作为贯彻福建省政府提出的“生态美、百姓富”的一条重要措施来抓，制定了福州市茉莉花保护规定和扶持茉莉花与茶产业发展的优惠政策，寻求统一建设茉莉花茶文化产业园。我们坚信，福州人一定会将祖先留下的这份遗产传承好，保护好、发展好茉莉花茶制作技艺，让茉莉花茶成为福州市的一张“金名片”，让福州茉莉花香与茶香绵延不绝，香飘世界。

茶缘深深

我的白茶缘

米　马

对于茶，我绝对是个后知后觉者。最初知道老白茶是在几年前的茶艺培训班上。

那日，高高约我和止渊去中国国际茶文化研究会喝茶。位于白塔公园深处的茶室静谧典雅。机缘巧合之下，我在那里听说有一期茶艺培训班即将开班。出于对茶的尊崇，我立即报名。于是，我毫无悬念地成为茶艺培训班最年长的学员。

培训班请来了中国农业大学、中国茶叶博物馆和中国农业科学院茶叶研究所最好的老师。从茶的历史、茶的成分、茶的种类到茶艺实操，知识渊博的老师们把我们带进了一个精彩纷呈的茶世界。

一入茶门深似海，从此我便知茶的领域博大精深、丰富多彩。以往只知绿茶、红茶和普洱茶的我，才知茶分红、黄、绿、白、青、黑六大类，白茶中又有白毫银针、白牡丹、寿眉等品种之分。

一日，我们在课前去研究会的陈列室溜达，恰巧那里的工作人员正在煮一壶茶，茶汤呈红棕色，茶香混合着粽箬香在屋内弥漫，虽不浓烈，但沁人心脾。工作人员热情地请我们喝一杯产于福建福鼎的寿眉老白茶。时值初冬，一杯温暖、醇香、柔滑、甘甜的老白茶入口，感觉不要太好。这是我第一次喝老白茶，从此开始与老白茶结缘。

不久，应同学的邀请，我有幸参加了数次品茶活动。在资深专业人士的指导下，我品尝了各类名茶，其中也包括老白茶，于是我对白茶有了更多的了解，开始逐渐购买和收藏老白茶，并对各类白茶情有独钟。

适合自己的茶就是好茶。我喜欢白茶那自然不事雕琢的本性，喜欢白茶那低调不张扬、轻柔而又曼妙的清香，喜欢白茶那醇厚而又微甘的口感，总觉得老白茶就像同道好友一般，它与我的性情和体质特别契合。

从此，老白茶逐渐成为我生活中不可或缺的一抹浅淡而又雅致的色彩。

每每闲暇之际，尤其在冬日，在透过玻璃窗照进来的和煦阳光里，煮上一壶老白茶，茶汤轻沸，茶气氤氲，茶香弥漫。喝一杯温热的老白茶，便心情愉悦，通体舒畅。

喝老白茶的意外收获

自然之子

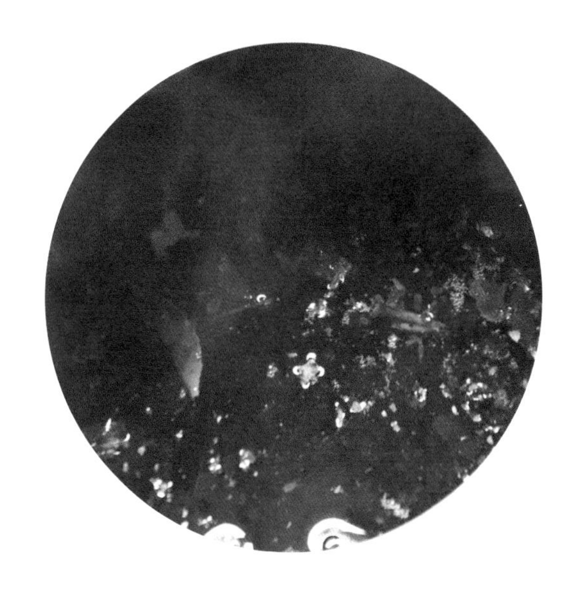

我去朋友家谈事，因着最近流感猖獗，朋友便煮起老白茶，说可以预防流感。谈兴甚浓，白茶煮得咕嘟咕嘟冒泡，窗外阳光大好，照着茶气袅袅升腾，呈现出一派祥和景象……

不觉之间，三杯白茶下肚。我突然感觉肠胃间明显有动静，好像有东西在上蹿下跳，并且，胃部隐隐有疼痛感，好像皮肤破损时，涂抹双氧水或碘酒时的那种疼痛感。这种疼痛过后，有一点暖暖的舒爽之感。我见过自己的胃镜摄片，嫩红的胃壁上有溃疡白点。我仿佛看见那白茶汤正缓缓流过溃疡表面，茶里释放出的某种物质，正在与破坏胃壁黏膜的坏蛋们搏斗……然后，肠胃里的动静愈发大起来。一时间我感到通畅无比，舒服的感觉油然而生……

此番意外感受，令我顿时对老白茶生出好感。肠胃问题伴我多年了，总难调理好。没想到，喝了几杯老白茶竟立马见效。我决定，今后要经常煮老白茶喝喝，说不定，我多年不愈的胃溃疡就调理好了呢。

初品老白茶

老 坚

冬至刚过，我受邀参加中国社会学会茶生活论坛的活动，与茶友会于慎远茶社，品福鼎白茶。我不懂茶，老白茶也是初次品尝，好在有高人指点，算是入门了。据说，与岩茶比，老白茶更亲近易懂。但茶社郑老师教我们品茶时，一点也不马虎。先用清水洗杯漱口，一可暖杯，二可除去口中浊气。泡茶用水讲究，古人用水上品为雪水，次之为雨水，现如今，用纯净的地下水也不错。

今日所品谓“贡眉”（初学才知白茶分白毫银针、白牡丹、贡眉和寿眉四个品种），第一道品的是2013年的白茶。老师说，现在普遍说白茶是“一年茶，五年药，七年是个宝”，此说法是当年为促销茶而杜撰的，正确的说法应该是“三年茶，五年药，七年是个宝”。

老白茶可泡可煮，今日品茶分为两次，先泡后煮。泡茶更为清淡一些，却能品出白茶的本味，体会茶的细腻与层次。水至一百摄氏度，冲入放置茶叶的盖碗，随即倒入分茶器，再转分给各位茶客。先闻盖香，再端起茶杯一闻，香气扑鼻，初辨为药香。细辨，其中有特别好闻的粽箬叶之香，闻之恍如回归到大山之怀抱。茶入口，舌微卷，吸气让水在舌中转动，让舌与水亲密接触，再感香气。下咽后，舌尖有回甘，甘之如饴，并带有一丝清凉，沁人心脾。茶入腹，气沉丹田再转回鼻腔呼出，上下通气。

几杯后，换了第二道茶，2011年的寿眉。这款茶的药香更浓，似有甘草、陈皮等香气杂陈。郑老师说，新白茶是微发酵之茶，性微寒，但经过几年后，

性趋平，成为老茶后则转为温，老年人体质较弱，因此适于喝老茶。

第三道茶是2008年的茶，浓郁的药香中带着枣香般的酸醇味，茶的色泽更为纯熟清澈。

以为这次已大饱口福和眼福，却不想品茶还未进入高潮。小憩片刻，同学的先生拿出自己的好茶，一款1996年的老白茶，一泡，香气满屋。细品，在复杂的药香中夹杂有人参香味，再闻，就如同进入了花海果园，有花香和果香，不愧为茶中上品。

最后，茶社郑老师献上他珍藏多年的1986年老白茶。闻干茶、盖香，茶香让你仿佛走入一座老式的大宅：天井石阶上的兰花夹带着青苔的味道；阳光透过天井洒向宅内，宅内陈设着一件件红木家具，雕梁画栋，散发出紫檀木香气；宅内茶几上，燃着几支沉香，缕缕青烟上升散开，香气扑鼻。那感觉妙不可言。白茶自此可叹为观止。

随后，各道老茶再用紫砂壶稍煮再品，汤汁更浓，也更苦更涩，口感没有了先前的稠滑细腻，但香气依旧。茶客均至茶饱方休。

初入门，我就有幸碰到如此好茶，可称奇，可称缘，非留点文字不可了。

从此何处喝白茶

钟美娟

这些天，我泡在朋友赠送的一款名为“马玉记”的老白茶里，飘然欲仙。时光仿佛在倒流，人仿佛在时间的维度上倒行，行至那个叫民国的时代。

从 1933 年至今，这款马玉记白茶已沉睡了许久，唤它醒来，适宜的水温当低于八十摄氏度。每一泡出茶，需得有等待的耐心。待得它醒，待得那清明晶亮的茶汤悠悠入喉，世界便开始改变模样。

碗盖掀开的刹那间，茶香直直地飘来，一股浓浓的粽叶香，似又夹着幽幽的枣香、荷香、果香、药香，经由鼻腔，缓缓沁入肺部。再看渐渐变浓的汤色，呈现出一种宝石般的艳红，汤汁清亮纯净到令人心醉，不待入口，心似已先被滤过。

端起青瓷茶盏，深吸一口气，浅饮一小杯，轻轻闭上眼，细细品一番，是说不尽的柔润丝滑、醇厚甘爽、洁净清澈。头几道，还带点轻微不易察觉的苦涩，几杯之后，从舌面到舌根，从喉头到喉腔，全被滋养了，甜甜的，糯糯的，却又亮亮的；体内气感由弱及强，直到浑身通透敞亮，身体随之变得轻盈，如入羽化之境。

这一刻，人全没了杂念，世界顿时清静了下来，静到能听到细针落地。眼前恍若现出另一个世界：在一方明净如洗的晴空下，有一片间杂茶树的原始森林，一群沐着霞光的茶姑穿梭其间，笑靥如花。前方，是一片梯田，梯田上有耕牛，也有正在犁田的老农，一前一后，相映成趣。转身往后，有袅袅炊烟、三两人家。院子里，几位茶农抚弄着正在萎凋的茶青，两眼专注，一脸神圣。这里的居民世代生息于此，也是“不知有汉，无论魏晋”……

这可不是穿越，是眼前的玉饮引领人走进去的世界，那里的一切都是那样真切，那样鲜活。

其实，每一款茶，无论出生，无论新老，又何尝不是自带信息，自带身份标签？就看喝的人是否用心读取罢了。

这款马玉记老白茶为一位收藏家朋友赠送，之前曾在朋友那儿见过此茶原装，为一饼茶，一饼净重一千五百多克。其包装与现代的饼茶不太一样，正反两面都看不到包装纸的边沿。奇怪的是，看似简简单单的包装，不拆封怎样存放都行，一拆封，若无好茶罐容它，则可能香味全失。这也是收藏家朋友一次失误换来的教训。如此看来，同样是纸质包装的饼茶，新茶和老茶还是有质的区别。

体验着如此香茗，试想：从此何处喝白茶！

普洱小沱茶，惊艳了时光

钟美娟

总有一些事情，可以让人忘情，比如，品赏老茶。那一天，对着一款制于清道光年间的普洱小沱，一不留神我就花费了一整个下午，还加一晚上。一个声音不停地从心底传来：提笔写下，留住此刻。当然，得写几句。

故事开始了，请坐定，入定。

水，已烧到滚烫，已漾出雾气。点冲，注水入盖碗。

茶水交融间，沉睡了一百七十余年的普洱小沱茶，缓缓舒张开细叶，慢慢苏醒了过来。

一缕沉沉的糯香，裹着悠悠的陈香，飘起，飘来。随香而往，像在走向一间古老的房屋，像在追寻一份隔世的记忆。

双手，轻轻地端起茶盏；双唇，轻轻地贴上杯沿。

那点熟悉的苦味，似有若无；那点熟悉的回甘，平和淡雅。

含一口茶，酽酽的，醇醇的，厚厚的，其状难言，润滑、丝滑、爽滑，圆润、温润、柔润，将这些字眼筛选个遍，却无一尽得其意。

是凝脂的玉，是玉化的石，还是如玉的瓷？都有那么点儿像，却都不是。它比滑要滑，比润还润，比柔更柔。

这是老茶，一款经历漫长时间打磨的古董茶。时间，是可以操弄一切的神器，能令水滴穿石，能叫沧海变桑田，更能将曾经朝气四溢的普洱生茶打磨到变了性子。一百七十多年后的此刻，我们与之相遇，已见它软到没了筋骨，柔到丢了形状，滑到不可捉摸，轻到入口即化。

在自行化入喉腔时，此茶让人感到顺溜溜、凉丝丝的，其中仿佛含了隐隐一股力道，携着一股凉意径直下行。凉意渐行渐无后，似又泛起微微一股暖意，几杯之后，暖意汇成了暖流，在身体上下前后弥漫开来。

品茶继续。此茶出自曾诞生过一代晋商乔致庸的乔氏茶号。在近代商业史上，以乔致庸为代表的晋商曾书写过浓墨重彩的一页。在茶马古道上，在马帮神秘而传奇的南北或中外贸易中，他们曾经演绎过许多不为人知的故事，也一度是许多历史事件中的主角。如今，晋商留下的，除了商业思想，还有已散落四海的众多家藏，茶，便是其中之一。今日有幸品饮遗存，是为难得茶缘，受之唯有敬畏，唯有感恩！

茶至酣处，暖流再扩散，已是两腋习习清风生。那暖流，分明就是茶气，这茶，分明含着一股能量，喝着，不经意间就疏理了经脉。

茶至柔，气至刚；人有知，道无形。

喝普洱小沱茶至此，怎一个通达透亮了得！

陈茶陈韵，无味之味

青　旗

无味之味，有点禅意吧。那次，我有幸出席佛门高僧月真法师书艺展和茶会，既饱眼福，又饱口福。

月真法师身兼两职：韬光寺方丈，永福寺监院。热爱两事：书法，品茶。

他说：“写字啊，就和喝茶一样，都是生活，也都可寓修行于其中。”

观展期间，来了一批茶艺师，原来月真法师拿出珍藏五十年的普洱茶要请大家品尝。

为我侍茶的是茶艺师小湖姑娘，神态娴静，礼仪考究，手法优雅。

先用沸水冲烫紫砂壶，壶身烫热，放茶入壶，并不冲泡，而是盖上壶盖，继续用沸水浇壶身。

据说这是“唤茶”，如陈年葡萄酒的“醒酒”。毕竟是沉睡了五十年的普洱茶呢。

然后冲沏，茶色如琥珀。开始喝时如白水，没有味道，稍后才涌出一股檀香陈木的回味，很奇特。或可领略一些其中内蕴之禅趣。

后来，连泡过的茶渣，也让捷足先登者早早搜罗了去。搜罗者说，这茶虽已泡淡，然以适当火候或烹或煎或煮，味道甚至可以超过原泡。

以琴结缘，以茶入道

止渊

我与静儿的相识，是金秋时节在逍遥樵夫于丽江举办的莫名堂公益古琴培训班上。

连续四天的公益培训，彻底颠覆了大家一贯坚守的“我认为”，刷新了观念，甚至有个别学员抱着琴直呼找不到大拇指了！

这的确会令人疯狂。好在有茶，作为最完美、最及时、最奢华的礼物！

静儿说她以前不太喝茶，也不懂茶，因为忙于事业，闲暇时间有限。但几天从早到晚高强度拨弦下来，脑子真的会糊涂。于是乎，喝茶便成为我们休息间隙放松自己的最佳手段。

席间，我静静地听静儿讲她自己的故事，看着她手中的茶盏不停地旋转着，我读出了她内心的不安与焦虑。此刻的茶对静儿来讲，仅仅是个解压之物罢了，茶汤并未入心。

四天时间很快过去了，授课的逍遥樵夫离开丽江直接去大理闭关。学员们陆续走了。静儿却留在丽江唐子书院莫名堂公益古琴教学基地，我们一起继续琢磨逍遥樵夫教授的古琴，也有更多的时间摆起茶摊儿，安心喝茶了。

那一日，我打开画家朋友赠送的自制的野山老茶普洱，用丽江的山泉水缓缓地冲泡这道老茶，与静儿聊起送我茶的画家朋友的故事。

静儿凝神细细听着，看着，当我把茶汤端送至她面前时，只见她微闭双眼，轻轻地深吸一口气，忽然“哇”的一声，那惊喜的模样着实把我给吓了一跳。

静儿兴奋地描述着这泡茶的体验：“开水冲入茶壶的声音，像极了叮咚的泉水声，瞬间将我的意识带进了一片幽静的竹林。当茶盏中那晶莹剔透的茶汤入口，顿时口中丝滑幽香，无丝毫杂味，那感觉像极了一个不谙世事的姑娘，轻柔洁净，裹一身红装端坐在竹林中潇洒抚琴，心儿已远在尘世之外了！”

静儿一个劲地赞叹制茶之人该是怀着怎样的心境才会制出如此美妙之茶，美得令人心颤！

看着静儿慢慢地打开了自己，我又取出朋友当年做的普洱生茶，只是把几根叶片完好的茶轻放在纸上欣赏，我们就被惊艳到了。看那叶片轻歌曼舞般呈现在眼前，我们感叹制茶人有多不舍揉捻，是真正爱茶之人啊！

几泡下来，静儿是真的醉了。她笑着说：“姐姐，我不懂茶，也不会专业术语，我只知道这茶好，这制茶的人更棒。第一道入口，像是闻到春天要来时的气息，没有丝毫的苦涩味。第二道入口，清爽甘甜，还有阳光照着叶片散发出来的味道。第三道入口，清香扑鼻，依稀见得一身白衣的翩翩公子持箫而立，这是怎样的一种清雅脱俗！这是我喝过最好喝的茶，入心，涤心，悦心！”

茶汤，一道又一道，话语，一轮又一轮，转眼到了收尾的时候了。我约静儿一起来一个杯底探香 。她一脸好奇，却也照做了：“啊，姐姐为什么我们喝的是同样的茶，杯底却散发出不同的香味呢？”我笑着反问回去：“你说是为什么呢？”

静儿来回闻了几个回合，一声大笑道：“我明白了，姐姐是绽放后的收敛和沉淀，故而香韵厚重不张扬，而我正值青春年华，是绽放的季节，所以香味是升发的，对吗？”

看着静儿由衷地开怀和欢喜，我欣然笑了。是啊，在静儿这个年纪，正需沐浴阳光，绽放自信，还好这个下午茶帮静儿找到了自信。

茶的语言，静默却充满智慧，此为茶之道也，与茶结缘为入道之始。

差点被丢弃的“擎天柱”

刘　林

酒店里不知何人送了一根巨大的黑茶柱。这根柱子又高又粗，足足有几十斤重，外面用篾篓仔细地包裹着。店里的姑娘们都开玩笑叫它“擎天柱”。

这根“擎天柱”在店里已经摆了七八年，每次需要搬动时，都会十分麻烦。因为存放的时间比较久，大家都以为里面的黑茶不能再喝了，曾经有好几次想把它丢弃，但因为太高、太重，一般的垃圾桶根本放不下，只好作罢，只得让它继续安静地待在库房的角落里，很少有人再想到它。

一次偶然的机会，我在“茶生活论坛”微信公众号看到一篇文章讲到了湖南的安化黑茶，而安化黑茶中有个品种叫“千两茶”，天哪，这不就是我们酒店里的那根“擎天柱”吗？

原来“擎天柱”的确是历史名茶千两茶。千两茶因每支茶净含量重达老秤一千两（三十一点二五千克）而得名。当代生产的千两茶每支高度一般在一点五米到一点六五米，直径在零点三到零点五米，净重一般为三十六千克。

千两茶历史悠久，创制于清道光年间。据说当时陕西的商人到湖南安化采购黑茶，为了运输方便，就将一百两黑茶踩压捆绑成圆柱状的百两茶。到了清同治年间，晋商又在百两茶的基础上将茶叶的重量增加至一千两，并且采用大而长的竹篾将其捆绑成圆柱形，遂成千两茶。千两茶做工精良，曾一度停产，一直到 1997 年才恢复生产。

2014 年，中央电视台科教频道“探索发现”栏目曾深入千两茶的优质原产地，将其工艺作为国家级非物质文化遗产完整地拍摄并保留下来。

知道了“擎天柱”的来历后，我们还知道了如果在干净、干燥、无异味条件下，黑茶可以长期保存，其保质期可长达十到十五年。我们店里的这支茶虽已有七八年了，但如果没有霉变，那仍然可以饮用。我们真的十分庆幸没有将它作为垃圾丢弃，于是大家决定品尝一番千两茶的滋味。

我们费了九牛二虎之力，终于拆开了外包装，因为一直摆放在干燥、通风、干净的环境里，所以里面的紧压茶依然干爽，呈褐色并散发出茶香。于是大家赶紧烧水泡茶。

果然名不虚传，此茶泡出的茶汤晶莹剔透，色泽柔和自然，茶香浓郁，入口醇滑，后味甘甜。

此后，几个女同事改变了上午喝咖啡的习惯，每天一到办公室第一件事就是烧水泡千两茶，千两茶不但口感细腻，色泽明亮，还具备刮油、降脂、减肥的功效。饭后来一杯千两茶，胃里暖暖的，口气清新，很是舒服，差点被丢弃的“擎天柱”变宝贝啦。

既然“擎天柱”这么珍贵，我们便决定把它继续收藏好，以便让更多的人能够了解这个中华瑰宝，品尝到千两茶中沉淀着的厚重的历史风味。

温暖的红茶

董建萍

我对红茶的认识和情感，是随着年龄的增长慢慢积累起来的。

小时候，我听到“柴米油盐酱醋茶”的说法，总是不明白，为什么茶也是生活中不可或缺的七件事之一。在我眼里，茶根本就是可有可无的。而且，讲到茶，我就只会想到绿茶，因为常见的都是绿茶，一杯一杯地接着泡（杭州人说的泡茶：注水入杯冲茶）。尤其在杭州酷热的夏天里，需要时不时泡点绿茶当解暑饮料。我在农村插队时，发现农民自制的茶也都是绿茶，他们一大碗一大碗地喝。喝红茶的很少。

我对红茶的朦胧感觉，就是有一次见到爸爸买回来一小包深褐色的茶末，泡上一杯，红红的，跟平常喝的绿茶不一样。我问了才知道这是红茶，准确地讲，是红茶末，很便宜。现在想来，那时物质生活比较匮乏，茶，尤其是红茶，确实不是生活必需品，人们只能偶尔买点茶末喝喝。唉，我辛苦的父母！

工作后，我开始每天喝茶——工作茶。坐班时，一杯茶能伴我一天。后来我换了工作，成了不坐班的老师，但是喝茶的习惯保留了下来。再到后来，茶真的就成了我每天的必需品。清早起来，首先要喝茶，喝了茶便觉得神清气爽。可是，在相当长的时期内，我喝的还是绿茶，且对茶味日益敏感，品质差的茶、陈茶都觉得入不了口。人过中年，我对红茶还是没有什么感觉，更别提感情了。

只是后来，一些朋友从养生的角度对我痴迷喝绿茶的生活方式提出告诫，尤其批评我早上空腹喝绿茶的不良习惯。慢慢地，绿茶性凉、伤胃的性质使我身体有了反应，我才开始正眼认识红茶。

有一次，一位同事送我一份云南红茶，我慢慢喝出了红茶的味、红茶的好。

与绿茶的清香和微涩相比，红茶的香比较沉稳，茶味更加醇厚。绿茶像朝气蓬勃的年轻人，红茶则像阅历丰富的年长者。绿茶给我清新之感，红茶使我感到温暖。

尤其在寒冷的冬天，窗外寒风呼号，大雪纷飞，而你在屋中，沏上一壶红茶，那种温暖，那种舒服，简直是大大的享受。如果有三五好友，与你一起品茗，喝的又恰恰是正山堂的正山小种，大家高谈阔论，茶香缭绕，那种境界和享受，真是可遇而不可求啊！

邀月饮红梅

米　马

国庆中秋双节重合共度，多年不遇。秋高气爽，郊外品茶、赏月一气呵成。

白马湖畔的餐厅布置素雅，环境颇为幽静。独立式建筑后面竹林成片，走数十级台阶便上得小山坡上的休闲平台。几株树冠硕大的金桂、银桂花满枝头，丛丛秋菊静静盛开，山风拂来，清香沁人心扉。

店家摆开了茶桌，一壶九曲红梅，九宫格的茶盒中有九只茶盏，造型各异，清雅素洁。九曲红梅的茶汤鲜亮，色如红梅。品之，有着柔柔的让人舒服的茶香和淡淡的回甘。

九曲红梅是杭州的传统红茶珍品，产于西湖区双浦镇的湖埠、双灵、灵山一带，尤以湖埠大坞山出产的品质最佳。那里四周山峦环抱，林木茂盛，水泽纵横。缓缓流淌的钱塘江近在咫尺，山上云雾缭绕，具有得天独厚的茶树生长条件。

据传，九曲红梅源于福建省武夷山九曲溪，这是一条位于武夷山脉主峰黄岗山西南麓幽谷中的溪流。因太平天国时期战乱，福建武夷山的农民向北迁徙，其中不少人在当时的杭州郊外落户。他们在此种粮，种茶，卖茶。他们中有制茶高手，于是将武夷山制作红茶的技艺带到了杭州。他们所制的红茶逐渐为嗜茶者喜爱，故杭州的茶行、茶号开始争相收购。

九曲红梅最终一炮打响是在 1929 年孤山的首届西湖博览会上。那年，当地农民将清明头茶加工成上好的九曲红梅茶，送西湖博览会上参加评定。经过与会评茶专家的一一品尝，此茶在众多参评红茶之中一举夺魁，被列入当时的中国十大名茶之一。

我喜欢这款茶，除了其色、香、味俱佳外，还有个原因就是喜欢“九曲红梅”这个茶名。“九曲红梅”四个字，既包含了茶的历史渊源，又显示了茶的特质，读之，如诗如画。

九曲红梅不仅滋味鲜爽可口，且有暖胃、健脾、明目、提神之功效，其品质可与中国著名的安徽祁门红茶相媲美。

品茶至傍晚，天色渐暗，在灯光的映照下，山体竹林只剩下隐隐约约黛色的轮廓。不久，一轮明月悄然挂上了树梢，周边彩云聚集，难得一见的“彩云追月”有一种朦胧的美，又到了千家万户“共婵娟”的时分。

突然李白“举杯邀明月，对影成三人”的诗句浮现在我脑海，与“诗仙”不同的是，今晚我们所举邀月之杯并非酒杯，而是九曲红梅的茶杯。

初识恩施玉露茶

米　马

我虽喝过许多不同的茶，但绿茶中喝得最多的还是龙井茶和安吉白茶，故对其他品种的绿茶可谓尝之甚少。日前，朋友从武汉来，带来一罐湖北特产恩施玉露茶。

淡绿的包装盒给人一种清新的感觉，“玉露”二字会让人想起王母娘娘蟠桃大会上的琼浆玉露，这样的茶名给这款茶带来了某种莫名的“仙气”。

恩施玉露是中国传统名茶，唐朝时即有“施南方茶”的记载。只不过该茶早期名“玉绿”，后来才改名为“玉露”。“玉露”与“玉绿”相比，在我看来，意境有着云泥之别。

看过该茶的资料，我才知道恩施玉露是我国目前保存下来的唯一一种蒸汽杀青的针形绿茶。绿茶的加工工艺包括炒青和蒸青两种，与炒青相比，蒸青这种茶叶的加工方法更加古老。蒸青工艺选用新鲜的一芽一叶或一芽二叶进行蒸汽杀青，然后进行烘焙。在历史演变过程中，蒸青的工艺过程因较为复杂，故逐渐被炒青工艺所代替。有趣的是，日本自唐代从中国传入茶种及制茶方法后，至今仍主要采用蒸青方法制作绿茶，他们也有叫“玉露”的茶，其制作方法与恩施玉露大同小异。 看看恩施玉露的产地，便知其生长环境得天独厚。恩施玉露产于湖北省西南部的恩施市，那里地处武陵山区腹地，土壤肥沃，植被丰富，终年云雾缭绕。特殊的地理环境使得恩施玉露还有个显著的特点，就是含硒量较高。据中国农业科学院茶叶研究所分析，恩施玉露干茶每千克含硒三点四七毫克，而大多数其他茶类中每千克硒含量在零点一毫克以下。硒是人体必不可少的微量元素，这样看来，恩施玉露不失为一款有利于健康的好茶。

打开包装盒，墨绿的茶叶显现，悠悠茶香扑鼻而来。恩施玉露茶条索纤细，挺直如针，色泽苍翠绿润，形态与日本煎茶相似。

经沸水冲泡，芽叶舒展，初时悬浮杯中，继而沉降杯底，汤色嫩绿明亮，香气清爽。

细细品之，其香类似龙井茶，但略有不同，似比龙井茶的香气更细锐。恩施玉露茶味醇和，也略带龙井茶的豆香。好山好水出好茶，首次品饮恩施玉露，除了一饱口福外，我也萌生了想去恩施一游、实地察看恩施玉露生长环境和加工过程的愿望。

舒城小兰花

米马

4月，侄女小燕说，她家小胡家乡的茶叶下来了，她要送点给我尝尝鲜。小胡是安徽六安人，他的故乡盛产茶叶。不日，我便收到小燕寄来的包裹，拆开一看，是安徽传统名茶——舒城小兰花。

虽说我喜欢喝茶，也接触过产于各地的各种茶，可舒城小兰花我却是第一次品尝。很明显，舒城小兰花是一款绿茶，因为具有兰花形、兰草色、兰花香的“三兰”品质特征而得名，该茶产于安徽六安的舒城县。

拆开包装，一股淡淡的清香便扑鼻而来。舒城小兰花的干茶细长翠绿，均匀秀气。仔细观察，条索一芽一叶相连，呈兰花状。

我迫不及待地烧水泡茶。按照绿茶的冲泡方法，用八十五摄氏度左右的农夫山泉水冲泡后，茶叶慢慢舒展，恰如兰花开放，枝枝直立杯中，再次散发若有若无淡淡的兰花幽香，这情景大概就是俗称的“热气上冒一支香”吧。

冲泡出来的茶汤黄绿明净，与西湖龙井浓浓的香气不同，舒城小兰花的滋味淡雅、甜润、鲜爽，恰如淡妆素衣待字闺中的文静女子。细细分辨，茶底黄绿成朵，柔软，有光泽。

舒城位于大别山东北麓，有着得天独厚的自然条件。那里产茶历史悠久，据记载，早在东晋时，当地就已开始向朝廷进贡茶叶了。唐代茶学家陆羽在《茶经》中也曾写过舒州茶（今舒城在古舒州范围内）。明末将领张应元曾有诗曰：“龙舒幽静地，绝顶见烟霞。有径皆依竹，无畦不种茶。”

“舒城小兰花”这一茶名出现在清朝。著名茶学专家陈椽教授所著《安徽茶经》记载：“清朝以前，当地士绅阶层极为讲究兰花茶生产。”由他主编的《中国名茶研究选集》和《制茶学》阐明，舒城小兰花与碧螺春、太平猴魁、涌溪火青、六安瓜片、铁观音等名茶同在清朝创制。

据说现在那里的许多茶农仍然用传统工艺制作小兰花茶。工艺流程为：鲜叶采摘→摊凉分级→锅炒杀青、做型→炭火烘笼初烘→拣剔→足烘。

感谢小燕夫妇，让我又认识了一款传统名茶。

精致的日本一保堂煎茶

米　马

同学赠日本一保堂煎茶一盒，于是冬日里，我邀三五茶友共品之。

日本煎茶是日本绿茶中的一种，约占日本茶产量的八成。一保堂是日本京都一家有故事的老字号茶铺。京都以南有个叫宇治的地方，是日本的茶乡。自古以来，宇治茶因其好品质成为日本人心目中的第一茗茶，而在这第一茗茶中，又以一保堂的茗茶为极品。

一保堂创立于 1717 年，至今已有三百多年的历史。创始人渡边伊兵原是贩售茶叶、茶具及陶器的商人，因为他的商铺在京都的皇宫御所附近，很多王公贵族都曾来他这里买茶。

渡边伊兵的茶叶品质非常好，深获江户时代德川吉宗将军的喜爱，故渐渐有了名气。1846 年皇族的山阶官以“一心保茶”赞誉这家商铺一直保持茗茶的品质，并帮其取了“一保堂”的名号。自此商号一直秉承“请用心、专心、一心来保茶”的宗旨，将茶的极致品质保持至今，使之成为日本最有名的京都宇治茶的商铺，而一保堂的茗茶也因质量上乘而畅销于日本各地，日本的许多城市都有一保堂的分号。

据去过那里的朋友告诉我，京都的一保堂茶铺古色古香，在传统的店堂里，设有专门的饮茶室。当你选择了店铺里的某种茶，就有工作人员来教你如何沏泡这种茶。

日本的“煎茶道”流派众多，一保堂也有自己的泡茶法，被称为“一保堂流”。他们泡煎茶，用八十摄氏度的水，倒入装有十克茶的专门泡煎茶的“清

水烧”（日本的一种茶壶）中，泡大约两分钟，不轻易摇晃，避免茶汤浑浊，然后倒在两个杯子里，最后几滴被称为“黄金”，要均匀地滴到两个杯子里。

一保堂毕竟是一保堂，是一家非常讲究细节的老茶铺。先不说茶的色、香、味，仅就茶的外包装，精致的程度就已经让人赏心悦目了。据说，茶罐与包装纸的设计是一保堂的一大特色，而且已经沿用超过了一百五十年。

一张线装古书的宣纸是茶的最外层包装，看起来古朴、文雅。展开一看，竟是陆羽《茶经》中的一页。日本茶道源于中国，而陆羽的《茶经》又是世界上最早、最完整的茶学专著。

包装纸里面是个精致的题有“御茗茶”的盒子，打开包装，取出的干茶精细而匀称，挺拔如松针，嗅之，茶香扑鼻。泡出的茶汤品之，圆润、微涩、甘甜，清香悠长。

日本的煎茶与中国的绿茶在制作工艺上有些不同。中国茶多用炒制杀青；日本茶多用蒸汽杀青，再在火上揉捻焙干，或者直接在阳光下晒干。采用“蒸青”技术制作的一保堂煎茶，外形看起来十分翠绿，茶汤清澈，晶莹剔透。

据说，日本的煎茶道不像抹茶道那么繁复，它尊重美，以简洁为宗旨。煎茶道特别注重饮茶时感官与精神的舒展。一保堂对煎茶的追求是：外观轻盈，茶味平衡。他们认为一款好的茶应该既有甜味又有涩感，因为这才是茶的真味。真味是他们追求的核心。

一生只为这杯茶

王晓平

我少年时的伙伴木根，成了以茶为生的茶农。

每当清明来临，他总会联系我，让我去喝茶。我知道，茶叶制作销售及他们的一年辛苦回报主要都在这个时节，我是绝对不会去打扰他的。所以，不是待他忙完了我再上门，就是他抽空将新茶送来我家给我品尝。这样的往来至今已有五十余年了，我们的情谊也一直延续到现在。

木根的茶地在九溪杨梅岭，只有一亩多地，还分在两处，一块是坡地，另一块是山地，但都在西湖龙井的核心产区。木根生在此地，长在此地，父亲的取名也希望他能好好地守住自家的风水宝地。木以根为基，茶以养为先。几十年来，有人丢下茶地去寻找新的生财之道，但木根没有辜负父亲的期望，吃苦受累，一心一意地守着自家茶地，踏踏实实地做好这片茶树的种植与养护，还精益求精地练就了一手炒茶的好功夫。

改革开放以来，为了维护西湖龙井的名声，提升西湖龙井在海内外的影响力，杭州市西湖区内经常举办“炒茶能手”技能比赛，木根积极参加各类竞赛，总能抱得大奖归。

茶山、茶树是他生活的基础，培育茶叶的过程如同养儿育女。松土、施肥、浇水、杀虫、采茶、炒茶，其中多少艰辛劳累，只有茶农自己知道。究竟有多苦，其他的不说，只要看过他刚炒完茶的手，黄焦发黑的手掌里满是老茧，便明白了一切。

当然，辛勤的劳作也带来了回报。他了解自己的茶，就是两块不同的地里出产的茶，他也能辨别出细微的差别来。他会兴奋地告诉你，当甜爽甘洌的茶水与味蕾接触的刹那间，会有一种爆炸的感觉，惊心动魄且回味悠长……

生长出来的嫩茶，如同如花似玉的姑娘，炒茶后的成品茶叶则如同千娇百媚的待嫁新娘，茶农此刻的心情如同要嫁女儿的父亲一般：既舍不得离别，也期待女儿能嫁给一个好儿郎。木根就是这样的一个“父亲”。

木根不仅用心做好自家的西湖龙井，在保证来年品质不变的基础上，他还利用雨后的茶叶试做红茶，并且尝试着实现龙井茶与桂花茶的完美融合。我相信爱了一辈子茶的他，在不断探索中还会取得新的成绩，做出他自己满意的茶来。

龙井茶，虎跑泉

王福和

江南不缺水，江南盛产茶。江南的水和江南的茶到杭州，形成了虎跑泉与龙井茶的最佳组合。

用虎跑泉泡一杯龙井茶，亦成为很多懂茶、爱茶、品茶者最心仪的享受：享受那山上潺潺而下的清泉，享受那散发着淡香的一片片茶叶，享受那最佳组合后清香入口的回味。

在江南，不时可见茶壶的造型，也不时可见壶中流淌而出的清泉。这样的造型出现在虎跑公园，出现在虎跑梦泉的诞生地，就别有一番韵味散发出来，在上下四溢，在前后漂浮。

我很喜欢这样的画面，很青睐这样的图景，很陶醉于这样的情境。

绿色掩映的壶、壶嘴淌出的泉、静候泉流的碗，一切未有多余，恰到好处地诠释着自己的角色，讲述着虎跑泉与龙井茶的故事，书写着茶文化不紧不慢的篇章。

一幅值得自赏的作品不是太多，一幅爱不释手的作品更为少见。这张照片在相册里存放了些时日，方才拿出来给朋友们看。那个虎跑梦泉的午后，因它而充实……

无名茶

青　旗

入伏以来，酷暑难当。不思美人烈酒，只是看书喝茶。

入春以来，我已品尝过西湖龙井、碧螺春、天台山云雾茶等名品。今既苦夏，就喝点苦茶吧。于是，我打开一包高山野生无名茶。

此茶看上去不起眼，实乃正宗野生、不施化肥、无农药污染的天然有机茶，是太太公司的一位年轻同仁 K 女士所赠的。K 女士娘家在杭州郊县，家人上山采得此茶。

此茶形状虽粗犷，味道亦略涩苦，但有《茶经》中所载之“回甘之妙”，最适合老茶客。

说实话，这类粗茶，更对像我这类有点凡俗且懒散的人的脾胃。精致的茶道固然风雅，但粗茶以简洁之法粗饮，让人酣畅淋漓。

以沸水泡上一杯此茶，茶香扑鼻，茶汤清澈明亮，入口两颊生津，汁液稠，味道厚，清心醒脑。此茶与名茶相比，别有一番风味。

正是：名茶清香成清趣，野茶浓酽有浓情。还是粗茶淡饭香。

回味无穷乌龙茶

董建萍

说到绿茶、白茶，我可以形容其清香淡雅；说起红茶，我可以形容其深沉温厚；但是讲起乌龙茶（又称青茶），我竟一时语塞，想不到合适的形容词可以用来形容它，不是因为它不好，而是因为它太好：乌龙茶太多姿多彩，由于发酵程度的不同、出产地域的不同、制作工艺的不同，乌龙茶有了多种类别和多样化的迷人香气……读了王金玲老师的文章，就可以知道单是福建一地，就有闽南乌龙——铁观音和闽北乌龙——岩茶之分。而这两种也仅仅是大类而已，细分下去，不知道有多少品种，且名头都很响，来头都极大。

说到笔者喝乌龙茶的经历，还有一个笑话。我是浙江人，历来多喝绿茶。年轻时，我不懂茶，只知道天下茶叶，唯龙井至上。19 世纪 80 年代，一位南方客人送了我一袋特级的冻顶乌龙，是当时还不多见的小罐茶。我按照绿茶的方式泡了，茶很浓，我喝不惯，就放起来了。大约过了一两年，我以为这茶像绿茶那样变成陈茶了，尽管觉得可惜，但还是扔了。后来，我才知道乌龙茶是可以放好几年的，而且放置几年后茶味还会变得柔和。我因此事被友人大大地批评，还时不时笑话我，现在想起确实非常可惜。

2000 年杭州第二次办西湖博览会，来了很多茶商。我们去逛博览会，在一家茶商的摊位上，客气的主人请我们喝茶，喝的就是冻顶乌龙。我买了一大罐他家的乌龙茶，这是我第一次为乌龙茶掏钱。由于有了之前的愧疚之情，我喝那罐乌龙茶，觉得特别香。

之后慢慢地，同事、朋友中也开始流行喝乌龙茶（大多是铁观音一类）。

我也开始逐渐接受这种茶味。与绿茶相比，乌龙茶的好处首先是“经泡”。一般绿茶三泡后就淡了，但是铁观音可以泡许多次。对于我们这些成天爬格子、绞尽脑汁、苦思冥想的文人来讲，乌龙茶就像一个忠实的朋友，毫无保留地一直默默陪伴你，茶香悠悠，茶味绵长。

当然，按现在的茶知识，当时那种茶汤不分的喝法也是不正宗的，但工作茶没那么多讲究。

乌龙茶喝出真滋味是一款炭焙铁观音，我觉得炭焙带来的特殊香味让人非常舒服，茶汤也一改以往的青绿色而变成棕黄色，温润了许多。

再后来，有朋友向我推荐岩茶，不过我最爱的，还是那种炭焙之后的茶香，真是令人回味无穷啊……

遇　见

吴旭辉

于我而言，遇见武夷岩茶犹如遇见岁月犯下的一个美丽的错误。1994年，我参加单位组织的访名山武夷活动，赏丹霞地貌，见悬棺，访道观，放歌竹筏……最后参观岩茶作坊，顺带买回茶叶。只是回家后就将茶叶束之高阁，再没喝的冲动。

不知道健忘症是不是人的通病，反正在买岩茶这件事上我是深得此病的。2005年，我去台湾阿里山日月潭游玩，途中参观茶厂。冻顶乌龙，这茶的名字一听与武夷山岩茶有渊源关系，我即刻买了几罐，只是回家后又束之高阁。

朋友批评说，遇见而没交情，这样的遇见等于没见，这样的相见不如不见。一针见血！

不过，去年我与武夷岩茶有了真正意义上的“遇见”。这要感谢王姐和李姐，她们是武夷岩茶资深玩家兼专家。在她们的引领下，我对武夷岩茶有了初步的感知。

那天，王姐和她先生带来了各色名茶——老枞水仙、肉桂、大红袍、铁罗汉等，我先生准备了日本南部铁壶、农夫山泉及盖碗等。王姐说要拉我“上船”（培养我喝岩茶的习惯），就这样慢悠悠地，开启了我的探解岩茶之旅。

泡岩茶的第一道工序是沸水烫茶具。这一方面是去掉杯中异质，另一方面，烫过的热杯配上热茶味道才好。

准备好热杯后，王姐的先生先取出一泡老枞水仙，用小剪从封口处剪出一个漂亮的弧形。不是每包茶的封口处都有小缺口方便撕开的吗？为什么还要用剪子剪，并且不是直的一刀而要剪出个圆弧线条？我心里狐疑，但又觉得这样剪很有美感。剪出的小包装袋既漂亮，又方便将茶叶倾倒出。

袋里的干茶容量有八克，需选择大小适宜的白瓷盖碗来冲泡，一般八克茶配一百一十至一百二十毫升的水。据说白瓷盖碗是冲泡岩茶的最佳茶具，它茶性佳，传热性高，其表面有一层透明光滑的釉，不仅便于查看汤色、叶底，还能将芳香物质保留于碗内，呈现出令人迷醉的香气。

只见一泡老枞水仙干茶倒入白瓷盖碗，然后捧起、上下摇动若干次，干茶似从迷蒙的梦中苏醒，腾挪肢体，活跃神经，片刻间充满生气与活力。此时轻轻揭开些许杯盖，深吸一口气，就有一阵干茶香冲入你的鼻腔，哦，好香！我喜欢闻顶级普洱生茶的干香味，没想到这岩茶的干香更优于它。

“一道水，二道茶”，眼见王姐的先生将壶里刚烧沸腾的水沿茶碗周边冲入至中心，用碗盖撇去浮沫，盖好，很快就出第一道茶汤。这道茶水一般先放着不喝，留作最后回味之用，也意味着一泡茶的圆合。这条索紧实、乌润亮泽的老枞水仙的居所，该是烟云缭绕、暖湿相宜的山场吧？那里既有午后热烈的光照，又得入夜的露水滋养，它可得日月之精华，汲武夷山水自然之气……

正想着，转眼间一小盅深金色的茶汤已呈现在了眼前，呷一口，味道醇滑，口感细腻，绵柔而又悠长。“三道四道是精华”，喝着品着，我努力分辨干香与茶汤的香，还有杯底香之间的区别。

行家说的焦糖香、兰花香或者木质香，我想能有前后数种香味的呈现，该是岁月、天地自然和人工修炼的结晶。唯有如此，这泡茶才能唤醒你全身的细胞去捕捉它入口时的微涩和而后瞬间转变出的回甘，再饮而觉舌底生津。它让你喝得口留幽香，喝得人全身暖暖的，喝得胃里有说不出的舒服。

老枞水仙气质柔美，茶汤越到后面越明澈。而它却十分耐泡，喝到后面茶气依旧不减，反而让你身心放松、舒展。这份愉悦，妙不可言。这泡茶，让我联想到集气质、修为、学养、内涵于一身的温润如玉的谦谦君子。

去年夏天，当城市中人在空调房间里呼吸浊气躲避酷暑时，我们却在龙泉市宝溪乡青井自然村无比惬意地呼吸着清新清凉的空气。青山绿水，野径山花，朝露夕晖，门前屋后，果蔬葱郁，鸡鸣桑巅，炊烟袅袅。这样的环境，再加上三五知己，好茶相伴，简直是神仙日子了！

早就听闻，2016 年 G20 杭州峰会期间，肉桂作为武夷岩茶的代表亮相杭州的招待茶会，以其辛锐持久和醇厚回甘的岩骨花香惊艳了八方来宾。

这天，我有机会细品了传闻中的武夷肉桂。这是一款霸道、张扬、直击人心的岩茶名茶。此茶一经接触，那种霸气就会深深烙在心头。

肉桂的条索肥壮紧实，掂着有沉重感，其形如老人手中的拐杖。干茶枚枚匀整洁净，色泽油润，干香馥郁。

用一百摄氏度的山泉水泡开，香气直击鼻腔。这强烈的刺激或许就是蒋衡《茶歌》里所说的“桂味辛”。这桂皮味的香气强烈，回甘迅速，留韵绵长。想不到这看上去金黄、清澈而明亮的汤色里，竟然蕴藏着如此霸气的醇香、如此明显的“岩韵”，“香不过肉桂”，信也！

如此张扬霸道之香从何而来？行家点拨道，除肉桂品种特有的馥郁，

茶香来自三方面：生长环境、加工工艺和冲泡技术。武夷山大茶区，兼得黄山怪石云海之奇与桂林山水之秀。三十六峰下九曲溪环绕，山区平均海拔约六百五十米，有红色砂岩风化的土壤，土质疏松，腐殖质含量高，酸度适宜，雨量充沛，山间云雾弥漫，气候温和。茶树生长在岩壑间，由于雾大，日照时间短，漫射光多，产出茶叶叶质鲜嫩，含有较多的叶绿素。肉桂更有其著名的小环境——牛栏坑、马头岩、九龙窠、象鼻岩、青狮岩、羊墩岩、燕子窠……这些地方产出的肉桂，就是发烧友口中的“全肉宴”了！

肉桂的采摘时间有严格的限制：阴雨天不采，上午10点前不采，下午3点后不采。采摘当天完成晒青。鲜叶要经过萎青、做青、杀青、揉捻、烘焙等十几道工序。萎凋适度是形成香气滋味的基础，做青是品质形成的关键。一片片青叶，在师傅的巧手下腾挪跌宕，被制成上等成品，再经过冲泡行家对温度、手法、时间的精准拿捏，我们才能享受到如此霸气的高香肉桂！

品着这款肉桂，入口醇厚回甘，咽后齿颊留香。再看叶底，肥厚、柔亮、匀齐。

这泡肉桂，其霸气的高香让我联想到当年曹操煮酒论英雄的那句名言：“今天下英雄，唯使君与操耳！”若论香气，肉桂可以说在岩茶范畴里“独步天下”。

“喝岩茶，大红袍是一定不能错过的。”资深玩家常用这句话引起人们对大红袍的深切期待。

想想也是，大红袍素以“茶中之王”为世人所知晓。九龙窠母树不但有“红袍加身”的传说和历史上作为供奉帝王享用的贡茶地位，还连续多年获全国乌龙茶类金奖，获首届中国国际茶叶博览会金奖。福建武夷山市武夷岩茶（大红袍）制作技艺被列入首批国家级非物质文化遗产名录。在第七届中国武夷山大红袍茶文化节上，二十克母树大红袍拍出二十点八万元的惊人价格！如此等等，使得大红袍成为当之无愧的“国之瑰宝”。

这样一来，我还真有些许期待。

与大红袍相遇，是在一个春日的午后。

这是一款金奖大红袍。我一边看着专家冲泡，一边在脑子里搜索关于大红袍的知识：汤汁浓郁，汤色透亮，香气馥郁。初品顺滑细腻，再品唇齿留香，三品香甜润喉……我不知道自己能不能感受得到这些微妙变化，提醒自己要认真品尝，不能糟蹋了好茶。

品茶时，我采用啜茶的动作，将茶汤含在嘴里，轻启嘴唇，微微吸气，让茶汤在口腔里游动，让口腔充盈着茶香，细细感受复杂又微妙的茶香、“岩韵”……感觉这泡茶犹如欧洲一些贵族家庭中的精英人物：出身高贵，气质卓然，成熟内敛，娇而不矜，盈而不溢。

我看着这软亮、鲜润、微呈“绿叶红镶边”的叶底，不禁思绪万千：1962 年，年中国农业科学院茶叶研究所从武夷山剪取大红袍枝条带回杭州扦插种植；1964 年，福建茶研所剪枝带回福安市社口镇；1985 年，年五株大红袍引回；1994 年，武夷山市茶叶研所《大红袍岩茶无性繁殖及加工技术研究》获福建省科委科学技术成果鉴定通过；2006 年，武夷山对大红袍母树施行停采保护……

如同大红袍树种的演化发展一样，大红袍岩茶制作的每一道工序都经过上百年的传承，数十年的改良，既沿袭了传统的古法制作以保持传统风味，又在这基础之上不断改良，让茶色茶香的质量都得到提升。持久的高香、稳而不飘的持重感、独特的“岩韵”，使得大红袍永葆“王者风范”……

就这样，我们喝着茶，任思绪漂移，不知不觉，窗外已是夕照东隅，池间波光粼粼，树木迎风摇曳生姿，六角亭拖着长长的倩影。我们静品这茶这景，“不说话，就十分美好”。

黄观音

晚甘仕

前几天，我在家喝武夷星茶业所产之岩茶黄观音。黄观音是以黄旦和铁观音两个茶品种杂交而成的现代岩茶品种，种植和出产量均较低，为武夷岩茶中的小品种茶，能得品之，乐事也！

该款黄观音的干茶为条索状，秀美雅丽，茶香如仲春时清新的花香，色墨绿而有光泽。以一百摄氏度的沸水冲泡，茶汤色为棕黄色，清澈透亮，轻

摇之，汤面闪烁，犹如美人眼眸秋波荡漾。汤香在前四道为春野晨光中清丽馥郁的花香，接着，转为暮春初夏芬芳的花果香，令人陶醉；从第九道汤开始，花香渐远，果香成为主香，渐渐地，果香中多了一道牛奶香，纯粹的果香转为果奶香直至茶尽，杯底仍有悠长的果奶香。汤味清爽清滑，前三道汤微涩，但涩而不滞，涩后迅速回甘，有清甜之感；从第四道汤开始，涩味渐渐淡去，茶叶特有的甜味不断变得明显，最后成为主味。那是一种如夏日农家所产的甜瓜一般的清甜，香中带甜，甜中有香。十二道水后再煮，茶汤更为清甜。茶底秀雅柔软，清爽润泽。

品黄观音，令我想起青春少年时光，那已走出儿童时期的懵懂，还未被成人世界的俗务纠缠的少年时光，是人生中最为清爽、清新、清纯和清雅的时光。现在想来，那时的烦恼与不快，也是一种以幸福为依托的烦恼与不快。恰如稼轩词云："少年不识愁滋味，爱上层楼。爱上层楼，为赋新词强说愁。而今识尽愁滋味，欲说还休。欲说还休，却道天凉好个秋。"人总是只有经历过了，才知人生之真味，才知道人生之真谛。

茶语

少年的快乐与幸福。

世纪风华之正青春

晚甘侯

世纪风华之正青春属青茶（乌龙茶）中的武夷岩茶，为位于武夷山的武夷星茶业所产，十克一包，采用红色铁盒、红色茶袋包装，甚是热闹和热烈，令人不由想起20世纪90年代的一首流行歌曲的歌词："青春少年是样样红。"

剪开茶袋，在茶则上倒出干茶，可见干茶条索紧致，乌黑中隐现墨绿的幽光；闻之，花香飘逸。投茶入盖杯，摇之醒茶，尾声如秋虫夜鸣，清亮而悦耳。以一百摄氏度的沸水冲泡，茶汤色在一至三道为温暖的橙色，四至十二道为柔和的橘黄色，坐杯后的十三至十五道为清雅的淡黄色，十五道后煮饮，茶汤又恢复成柔和的橘黄色。

茶汤香中的杯盖香、杯底香、汤香分界明显，差异较大。其中，杯盖香一至三道是热香，桂皮香如箭，灵动而尖锐；四至九道转为温香，犹如甜甜的薄荷水果香；之后，又转为热香，清雅的春兰之香沁人心脾，直至茶尽。杯底香在一至三道为馥郁的春花之香，四至十二道为清雅的兰花香；坐杯后的十二到十五道为带着薄荷清新之气的兰花香，闻之如入空谷，有幽兰之香轻扬而过。汤香一至三道为浓醇的桂皮香，如巨浪，冲击力强大，一道茶汤入口，香气直冲脑部，令人猝不及防；四至十二道有米兰之香，如润物细无声的春雨，渗透力颇强，令人沉醉乃至迷失，不知身在何方；十三至十五道坐杯后转为清新、清雅的春花之香，如慢行在春草新生、春花初放的田野上；十五道后煮饮，汤香转为青竹香加幽幽的兰花香，茶香飘扬，入鼻入口入心，如一幅江南早春的美景在眼前展开。

茶汤之味，香与味融为一体。前三道微涩，回甘迅速；香是锋锐的香（岩茶肉桂的桂皮香），味是醇润的味，犹如一支射出的利箭，在雄浑的劲风推动下，直冲云天，古人所谓“好风凭借力，送我上青云”当是如此吧。锐香和醇润之味，加上微涩之味，由此凝集成的茶气，颇具霸气，而这霸气似武林中人所说的“外家功夫”的霸气，也可以说是“将军之风”。三盏入口，这“外家功夫”的“将军之风”从口腔经鼻腔直入脑部，令人为之一振再振，头上先是微汗涔涔，继而汗如雨下。第四至十二道，涩味退去，茶叶特有的植物甜不断变得明显，香是逐渐转为醇香的香，味是逐渐转为绵厚润顺的味（岩茶中水仙茶特有的汤味），犹如春风化雨，虽温柔，但有力。由醇厚的香和绵厚润顺的味为基础形成的茶气，霸气更足，加上醇厚的植物甜，这霸气犹如所谓“内家功夫”的霸气，雄浑而圆融，将人包围于其中，融化于其中，令人不由自主地感到心服。所谓“王者之气”，想来亦是如此吧！这似“内家功夫”的王者之气渗透全身，又在全身游走，汗水从毛孔中透出，茶气包裹于全身，令人更如入暖阳之中，血脉与经脉通泰，全身舒坦。第十三

至十五道，植物甜依旧，水仙茶特有的茶鲜味显现，茶气的霸道不断弱化，香仍悠，汤仍绵，“将军之风”“王者之气”化作文士风雅，“江南好，风景旧曾谙。日出江花红胜火，春来江水绿如蓝。能不忆江南？”吟唱而出。煮饮的茶汤，散发着江南早春田野之香，加上清润鲜美的汤味，饮茶犹如饮香露。此时不妨改小口品为大口饮，精致的生活由此变得平凡，平凡的生活由此快乐多多。

煮饮后，我在茶盘上倒出茶底，慢慢拨开，轻轻展开，茶底清净乌润。细看之下，我确认该款茶为拼配茶，且以当今武夷岩茶两种当家品种——肉桂和水仙为主进行拼配，其中肉桂叶片小而较柔，更似机器采摘；水仙叶片大而较粗，较为完整，更似人工采摘。拼配茶是武夷岩茶中的一大类别（以品种分类拼配），我喝过的人工拼配茶（拼配茶可分为人工拼配和自然拼配两种），大多不是香太艳、汤太薄，就是汤香与汤味融合度低，能喝到心怡者，少矣！今能得饮合意的世纪风华之正青春，幸甚！借着世纪风华之正青春的朝气，乘着茶兴，吟出四句，聊表茶趣：相宜即好，相好能悦。茶人同理，四季花开。

茶语

相宜相悦，四季花开。

斑竹窠肉桂

晚甘仕

斑竹窠肉桂属青茶（乌龙茶）之闽北乌龙中的武夷岩茶，为位于武夷山风景区中的瑞泉茶业出品，属武夷岩茶中的高品质产品。斑竹窠虽不像武夷岩茶传统胜地三坑两涧那样有名，但也位于武夷岩茶的核心产区。武夷岩茶核心产区被武夷茶人俗称为“正岩”，故斑竹窠所产岩茶亦为今日颇难得的“正岩茶”。几年前，瑞泉茶业在进驻斑竹窠后，精心研究、制作，终于研制成功具有自己特色的斑竹窠肉桂岩茶，上市后广受欢迎，成为瑞泉茶业又一款具有代表性的岩茶茶品。

斑竹窠肉桂每泡为十克。剪开茶袋，置干茶于茶则中，闻之，有浓郁的桂皮香；观之，条索较为粗壮，乌润，有武夷山茶人俗称的“宝光”闪烁其间。与瑞泉茶业的另外两大拳头产品——素心兰、岩香妃相比，这斑竹窠肉桂颇似雄赳赳的武夫，气昂昂地迎面而来。将茶则中的茶倒入已预热的泡十克岩茶的盖杯中，轻摇醒茶，“沙拉沙拉”的声音从杯中传出，不时还带着“呛啷”的尾声。这令我想起了古代的暗夜里，夜袭的将士们在山道上急行而过，无人语，无马嘶，唯有刀鞘剑柄间或碰撞在铠甲上发出轻而脆的“呛啷”声。开盖，闻茶香，浓而悠的桂皮香入鼻，上直冲脑部，下直冲肺腑，令人瞬间不知所措，唯大叫一声以表感叹。我联想到江苏名茶碧螺春原名是“吓煞人香”，真可谓“茶香浓处亦吓人”。

以 1 ∶ 1.25 的茶水比例，将一百摄氏度的沸水注入盖杯中，出汤。此茶汤色澄明透亮清澈，有微微的金光在汤面闪烁。若以季节来描述，可谓秋

色。头三道汤，汤色如菊黄，是那种在飒飒西风中仍在农家篱笆墙边开放的最普通而常见的菊花的颜色，它以自己朴实无华的色彩，告诉人们何为花的傲骨；第四到十八道汤，汤色淡棕黄如深秋夕照，令人想起傍晚时刻，太阳以最后的灿烂与天空作别；第十八到二十道为坐杯，汤色如秋江月，宁静明亮而略带一丝寒凉的苍白，在小小的茶盏中，似乎可见一树一石一小舟，一江明月一江秋；坐杯后煮饮，茶汤又呈头三道的菊黄色，仿佛是一个轮回，不由得令人长叹：一低一仰一盏茶，一举一放一春秋。

此茶茶汤的香气浓郁、悠长、厚实，呈现出植物成熟之香的特质。第一到五道，汤香是桂皮香，浓烈霸气，且有强大的冲击力，茶汤入口，茶香直冲脑部，令人不由自主地全身一震，产生一种折服之感；第六到十道，汤香为栀子花香，清新中带着成熟，栀子花虽是夏季开放的花，但在南方初秋时节，偶尔在山间田野、农家房舍边，也能看到一两株仍开着花朵的栀子花树，花朵虽少，但仍花香四溢，只是那清香中有了花朵将凋零时特有的成熟之味，就如同童稚般的纯真掺杂了成年人的谋算；第十一到十八道，汤香如秋兰之香，芬芳馥郁中蕴含着薄荷的清新，又多了些暴晒下的岩石被热水激冲后散发出的冷冽之气，令软清之香有了刚烈之骨，豪气几乎破水而出；第十八到二十道为坐杯，汤香带着散发豪气的悠长秋兰香，喝来齿颊留香；第二十道后为煮饮，汤香转为青皮甘蔗的清甜之香，清爽宜人。

此茶汤味饱满醇厚顺润，有甘有甜，茶气丰盈厚实。若以季节来描述，可谓秋实。第一到七道，汤味凝厚而饱满，香与味相融合，口含茶汤，用舌头击打，香与味不分离，仍为一体。茶叶特有的涩味明显，但为青涩而非苦涩，涩后回甘迅速而悠长，清爽感明显。而这因着青涩而增添的饱满和丰富感，以及须有涩才能形成的回甘（俗语所谓“无涩不甘，甘必有涩”）和由菊黄转为秋阳夕照的汤色，透过这雄霸天下的汤香，令人联想到旧时，丰产又丰收的浙江山民在寒冬哼唱“脚踏白炭火，手拿番薯果，除了皇帝就是我”时的满足与快乐，联想到汉高祖刘邦在楚汉大战中得胜登基加冕之后，高唱“大风起兮云飞扬。威加海内兮归故乡。安得猛士兮守四方”时的得意与豪迈。而在第四道汤后，随着源源不断的茶气在体内生发、升腾、游走，饮茶者全身发热，心中由此也是生出豪情壮志，且吼一声：“大江东去，浪淘尽，千古风流人物……”第八到十八道，汤味逐渐醇润厚滑，涩味渐消，至第十二道汤时涩味全无，而因涩而生的回甘也消退，从第八道汤而渐呈的茶甜味不断增强，最后，和着带着栀子花和兰花香的茶香，在醇滑绵顺清甜的汤味浸润中，在暖暖的茶气包裹中，饮茶者全身通泰，舒畅无比。遥想汉文帝以“无为之治”治国，致国力强盛，致社会安定，致民心安服，最终成大治。此间的以怀柔化折服为心服，以顺势聚国力和民意，亦当如此吧！以刚克刚，如刘邦对项羽，可成霸业；以柔克刚，如汉文帝，亦可成霸业。以猛可显雄霸之气，如一到七道茶汤；以威亦可显雄霸之气，如八到十八道茶汤。品茶如读史，读史如品茶，乐也！第十九到二十道为坐杯，汤味中又有涩味，但仅微涩，相伴而来的是微甘，醇厚仍在，顺滑略增，甜中有甘，曹操《龟虽寿》中的名句响起在耳边：“老骥伏枥，志在千里。烈士暮年，壮心不已。”那是秋实对春花的感怀，又何尝不暗含着秋实面对春花时的某种自豪和骄傲？坐杯后煮饮，汤味转为甘蔗汁般清甜，加上甘蔗汁般的清爽和清新之香，好像果饮般的茶饮虽淡，但这润顺甘甜也让许多喝惯了清淡绿茶的浙江人爱不释手。

此茶的茶底干净匀整，无杂质，呈深墨绿色，润光闪烁，质感柔软如丝绸，有韧性。将茶底用手展开，便可见一片片完整的茶叶。

肉桂是以霸气为人称道的岩茶茶品。在我品饮武夷岩茶的经历中，以我的茶感而论，这霸气在武夷山正岩所产肉桂中，于涧洞肉桂，可谓渗溶；于岩峰肉桂，可谓刚烈；于窠中肉桂，可谓威猛；于坑中肉桂，可谓圆融。而这又恰恰与四季相对应：春雨的润物细无声、夏日的热辣、秋风的威武、冬天的宜于贮藏。

斑竹窠肉桂就总体而言，可以用一“秋”字形容：秋色、秋香、秋实，秋之威武之势。品此茶，能进一步知晓何为秋，并生长出一种秋之威猛、秋之豪气——“要扫除一切害人虫，全无敌”。

“要扫除一切害人虫，全无敌”这一名句出自伟大领袖毛泽东主席的那首《满江红·和郭沫若同志》，此间全词录之，以使饮者更深入地以“秋”为入口，了解斑竹窠肉桂的意境：

小小寰球，有几个苍蝇碰壁。嗡嗡叫，几声凄厉，几声抽泣。蚂蚁缘槐夸大国，蚍蜉撼树谈何易。正西风落叶下长安，飞鸣镝。

多少事，从来急；天地转，光阴迫。一万年太久，只争朝夕。四海翻腾云水怒，五洲震荡风雷激。要扫除一切害人虫，全无敌。

因此，我将瑞泉茶业出品的斑竹窠肉桂的茶语定为“全无敌”。

茶语

全无敌。

八仙茶（岩茶）

晚甘仕

八仙茶（岩茶）属青茶（乌龙茶）之闽北乌龙中的武夷岩茶，产于福建省南平市武夷山市，为武夷岩茶中的小品种茶，种植量少，茶品产量更少，是武夷岩茶中的稀少茶品。

八仙茶原产于闽南的漳州市，为青茶（乌龙茶）之闽南乌龙中的佳品，后被引种至闽北的武夷山，所产茶青以武夷岩茶制作方法制作，为武夷岩茶中的一个品种。八仙茶（岩茶）茶品极少见，幸得武夷星茶业的李方女士于2020年5月赠送给我两罐，让我知道了武夷岩茶中八仙茶这一小品种的存在（原来我一直认为八仙茶只是闽南乌龙茶），更让我品尝到了有别于其他武夷岩茶茶品的滋味，体验到了一种新的茶韵，领略到了一种新的茶意。

武夷星茶业所产八仙茶（岩茶）的干茶为条索状，条索紧致秀丽；色泽墨绿，有光泽；香为花果香，明丽清甜。将干茶置入已预热的盖杯中，上下轻摇三至五次以醒茶，开盖，如春天繁花似锦的花圃芳香充盈鼻间。

将一百摄氏度的沸水冲入盖杯中，出汤，茶汤汤色为浅棕色，其间有嫩黄、青绿光影时隐时现，清澈透亮，有一种江南春天风光如画的清新之感，直到茶尽，汤色依旧。汤香清丽，扩散性强。头三道汤是江南春野的百花香，四五道水后转为秋日兰花的雅香，七八道水后转为夏日甜瓜的甜香，十二道水后转为留兰香，带着薄荷的幽幽清凉，那是一种清爽的美丽和美丽的清爽。茶香悠长，直至茶尽，仍余香袅袅。汤味清润轻滑。

头三道汤以清苦为主味，如苦瓜般清清爽爽的苦味，无涩，清苦化开后，是满口的清甜；第四至八道汤，清苦减弱，清甜增强，汤味变成苦中有甜、甜中有苦，苦甜相融，给人一种十分奇特的感觉；从第九道汤开始，清甜味成为主味，如夏日甜瓜般的清清爽爽的甜，清苦味忽隐忽现，直至消失，而清鲜味出现，那种清清爽爽的植物鲜味越来越明显，使得饮者口中满是清甜和清鲜。

品此款茶，可知何谓“苦尽甘来”，何谓“同甘共苦”，何谓“有苦才有甜”。茶底清爽柔软，尽管已泡了十五道水，仍有茶香飘拂，可见茶气充足。从第三道汤开始，饮者逐渐气通、血通、经络通，饮后微汗渗出，有暖流从足部上涌。

汤色的清新，汤香的清丽，汤味的清苦、清甜、清馨，构成了这款茶茶韵的特征——清，而这清新、清丽、清苦、清甜、清馨，令人身心愉悦，构成了这款茶茶意的一大特征——欢。清与欢相交，清与欢相融，这款武夷星茶业所产武夷岩茶之八仙茶的茶语由此呼之欲出——清欢。

品武夷星茶业所产的这款八仙茶（岩茶），进入这款茶的清欢之中，

很容易地就会想到北宋文学家苏轼所写《浣溪沙·细雨斜风作晓寒》之下阕：“雪沫乳花浮午盏，蓼茸蒿笋试春盘。人间有味是清欢。”佳茗有味，野蔬有味，清欢有味，有味清欢。

“人间有味是清欢”，苏东坡写的是物（茶与菜）与感受，又何尝不是在说人生？人生百味，清为一味。《红楼梦》中的林黛玉说：“质本洁来还洁去。”林黛玉心无所依，她的“清”难免清冷。中国现代著名诗人徐志摩在其代表作《再别康桥》的最后一段写道：“悄悄的我走了，正如我悄悄的来；我挥一挥衣袖，不带走一片云彩。”徐志摩爱之不得，他的“清”显得清寂。而佳茗一盏、野蔬两碟的野餐，让苏轼感到乐趣横生、身心愉悦，苏轼的“清”才成为“清欢”——“人间有味是清欢”。

“清”是一种质感或意境，“欢”是一种感悟或体验。“欢”源于“清”，“清”因“欢”生味，“人间有味是清欢”，人间至味是清欢，人间难得是清欢。武夷星茶业的八仙茶（岩茶），让我们进入清欢境界。

茶语

清欢。

山涧深

晚甘仕

山涧深是一款武夷岩茶茶品的商品名，产于福建省南平市武夷山市。武夷岩茶属以发酵程度划分的中国六大茶类中的青茶（乌龙茶）类，以及青茶（乌龙茶）中以制作工艺划分的两大类茶品——闽南乌龙和闽北乌龙中的闽北乌龙。故而，就大类而言，山涧深为青茶（乌龙茶）类中的闽北乌龙。山涧深茶品以种植于武夷山当地的岩茶品种肉桂中的老枞肉桂之青叶为主要原料，由武夷山正山世家茶叶有限公司制作（该公司所产茶品的商标名为金日良茗），为该公司的一大拳头产品，在茶人中广受好评。

武夷山正山世家茶业的董事长金日良先生原是武夷山土生土长的茶农，其公司在武夷山有自家的茶地。在祖辈种茶、制茶经验的基础上，多年来，通过不断学习和研制，该公司生产的茶品质量不断提升，好评多多，知名度和美誉度不断提升。

作为公司一大拳头产品，山涧深以 5 月上旬采摘的、种植于武夷山正岩地区中坑涧地带的、树龄在六十年以上的老枞（按武夷山茶农传统认知，六十年以上，即一甲子以上树龄的茶树才能称为“老枞”）肉桂类茶树新生及展开的青叶为原料，以武夷岩茶传统制作工艺制作而成。

其干茶为条索状，色泽乌润，肉桂类茶品特有的桂皮香扑面而来，锐香袭人，令人不觉一振。用一百摄氏度的沸水冲泡，且一冲一饮，茶汤汤色为深棕黄色，看起来宁静而祥和，洋溢着秋天丰收的喜悦；汤面波动，如一位晚年心满意足的老人幸福的笑颜，金菊般盛开。

汤香前三道是桂皮香，锐利而威猛的锐香一下子将饮者的注意力全盘占据，让人不知不觉中放下心中的杂务，聚精会神地只关注品茶；之后，汤香转为伴随着淡淡奶香的秋兰之香，花香飘拂，令人神怡，再转为带着薄荷香的幽幽春兰之香，沁人心脾，令人心宁，直至十五道汤后茶尽，杯中依然兰香幽幽，饮茶者则是齿颊留香。

就杯盖香和杯底香而言，杯盖香的变化与汤香的变化大致相随，差异不大，而杯底香则是在第十二道汤前与汤香变化相随，之后幽兰香中出现了砾石味，那种在烈日下暴晒又被冷水冲击后的岩石所散发出的气味——茶客称之为“正岩山场味”。幽幽兰香与冷冽的砾石气味相交融，为清雅的汤香增添了侠义之风骨。

汤味前三道醇爽润滑，与前三道汤香为桂皮香的锐香融合在一起，给人一种“书生意气，挥斥方遒”的茶感；之后，汤味转醇厚浓滑润泽，入口即化为满口茶味，余味悠长，虽有涩味，但回甘迅速且悠长，而且涩味随冲泡次数增加而逐渐消退；在第六道汤后，涩味全消，汤味转为入口即甜，且甜味厚而饱满；直至第十三道汤后，甜味成为茶汤之主味，醇厚浓滑甜润的茶味让人获得一种圆融感，进入一种通达和大度的境界。

茶汤的茶气颇足，三道汤入腹，便有暖意从背后的督脉由下而上地升起，接着，随着茶汤不断入腹，暖意汇成暖流，顺着全身经络行走，全身如沐春阳，暖意融融，周身舒泰，身心一起处于圆融之中。该茶品的茶底色褐、柔软、匀净。

孔子云："仁者爱人。"所谓爱人，当然包括传道，而山涧深就如一位仁者，循循善诱，让人在品茶的过程中思考和感悟何谓"雅"、何谓"义"、何谓"智"、何谓"圆融"、何谓"幸福"、身心如何安康、喜乐如何达致……善哉，山涧深！

茶语

仁者。

金百谷系列之竹窠肉桂

晚甘仕

金百谷系列之竹窠肉桂为青茶（乌龙茶）之闽北乌龙中的武夷岩茶，以位于武夷山景区中的竹窠所产之岩茶——肉桂的青叶为原料，由位于武夷山景区内的武夷星茶业出品。竹窠属正岩产区，故而，这款茶为目前较为难得的正岩茶。百谷系列岩茶是武夷星茶业近年来研制成功的新茶品，以武夷山之坑、涧、窠、洞等地所产的岩茶之青叶为原料，以“百谷”喻其产地之多，而其中以金色包装袋包装的系列茶品被称为“金百谷”。作为新推出的品牌产品，百谷系列茶品，尤其是金百谷系列茶品自面市以来，一直广受欢迎，已成为武夷星茶业所产茶品中的拳头产品，能够品鉴，当是茶福匪浅。

金百谷系列之竹窠肉桂为茶友所赠，共一盒两泡，每泡九克。这款茶的干茶条索紧致匀净，呈墨绿色，有光泽，果香悠长。置干茶于盖杯中（十克杯），轻摇醒茶，“沙拉沙拉”之声响起，犹如西洋乐队中的沙锤，给人一种愉悦的节奏感。以一克茶冲入十二点五毫升水的比例冲入一百摄氏度的沸水。出汤，我一盏又一盏地品鉴，与自己喝过的岩茶相比，我觉得这款茶有十分明显的与众不同之处，从而能在当今数不胜数的岩茶茶品中脱颖而出。

具体而言，这款茶以黄色为主色，但随着冲泡次数的增加和方法的变化，会产生相应的变化。第一到三道汤为娇柔的嫩绿黄色，犹如初春的清晨走在田野中，不经意间一转头，看见在绿叶的半遮半掩中，初放的迎春花怯怯地在微风中摇曳；第四至六道汤，汤色转为明丽的黄色，就像一朵夏日的黄玫瑰开放在白色的茶盏之中；第七至九道汤，汤色转为明快，让人想到杭州的秋天，一树一树的银桂四处飘香；第十至十二道为坐杯，坐杯时间为三至五分钟，出汤后，可见汤色淡雅如菊，想来陶渊明的悠然之情，也离不开淡雅菊花的滋养吧！第十三道汤由煮泡所得（以一泡茶三盖杯水量的茶水比煮沸），汤色又转为清丽的黄色，不由让人想到皎洁的月光下，有梅花暗香浮动。一泡茶，一盏黄色，就这样将人引入变幻无穷的由茶色营造的茶境之中。

就香而言，这款茶的汤香以夏季成熟瓜类的瓜香为主香，清新而略带甜味，而尾香中又有细细的兰香飘逸而出，让世俗之香超凡脱俗，增添了一份清灵之气。汤香幽而悠，平稳而变化不大。然而，与平稳的汤香相伴的是杯底香的变化多端，以及杯盖香的变幻莫测。其中，杯底香：第一至三道为热香和温香，即杯底热时和温时有茶香，冷后则无，其香型为春日里的花果香，清爽清新，清丽宜人；第四至六道为温杯和冷杯香，香型为带着果味的奶糖香，清香醇甜；第七道为温香，香型为春日繁花之香，有微微的岩石冷冽之气在花香中潜行，让人产生一种春山远望之感；第八道为温香，香型为幽幽的兰花香，岩石的冷冽之气加厚，令这兰香有了空谷幽兰的茶境；第九到十二道坐杯后为温香，岩石冷冽之气（岩香）成为主香，花果之香萦绕在旁；而在第十三道煮泡后，杯底香化作青皮甘蔗的清香，热杯冷却后，一抹青皮甘蔗之香附在内壁，闻之沁人心脾。

较之杯底香，杯盖香的变化更为奇幻，令人惊叹：第一至三道，温香时为盛夏成熟的水果之香，清爽而甜蜜，冷杯时，果香中多出了清凉之味，果香化作了瓜香，清新而清甜；第四道为热香，香型为春日繁花之香，令人如入春光明媚的花海之中；第五道为温香，春花之香的尾香中，突然细细地飘出一抹水蜜桃的甜香，犹如蜡梅之暗香，刻意寻觅时，不见踪迹，不经意间，它又在鼻尖穿行而过；第六道在热杯时为兰花香，随着杯盖的逐渐冷却，有岩石的冷冽之气隐隐出现，形成了一种空谷幽兰的茶境；第七道温香时为果味奶糖香，果味清新，奶味醇香，随着杯盖的逐渐冷却，奶味渐行渐消，至杯盖全冷，转为清新的果味冷香；第八道为热香，以炒米香为主香，岩石的冷冽之气相伴左右，山间野炊的茶境油然而现；第九

至十二道为坐杯，坐杯的杯盖香为温香，夏日甜瓜、西瓜、黄瓜等混合于一体的香味清新又甜蜜，仿佛一大盘水果拼盘摆到了面前；第十三道为煮泡，煮泡所得杯盖香为热香，香型为仲春的青草香，似乎一大片绿茵茵的春草地在眼前铺陈开来，邀人前往，直至杯冷，那一片芳草之香仍留鼻端。

就汤味来说，这款茶以润为主味，而随着冲泡次数的增加和方法的变化，呈现出不同的茶感。具体而言：第一至三道，微涩后产生的回甘与润结合，给人一种爽爽的润感，所谓“茶爽”之美当是如此吧；第四至六道，涩味渐弱，回甘渐转为入口即显的植物甜，淡淡的涩，淡淡的甜，给人一种清净的口感，与润结合在一起，可谓是“清润”；第七至九道，涩味全无，甜味明显，汤味顺滑，与润相融，可谓“滑润”；第九至十二道为坐杯，茶叶中的内含物质全面渗出，汤味转醇，而醇与润相融，构成了可称之为“醇润”的茶感；第十三道为煮泡，茶汤之味如甘蔗汁般清甜，而润之主味仍在，这茶感可称为“甜润”。品此茶，让我第一次体会到润的千变万化，茶叶亦可谓是“茶师”！

在这款茶的品饮中，我一度困于不知如何形容这款茶的茶意，因为它不似将军精忠报国的壮怀激烈，不似隐士寒江独钓的清寂，没有异乡异客的孤独，没有长相知的缠绵温柔。思索中，六七只小鸟欢叫着从窗前飞过，投入不远处的竹林，似乎是去参加某个聚会。这让我想起了我的茶友们，他们前来茶聚时，也是如此欢笑着。我的茶友中，有我的大学同学，四十余年前，作为“文革”后第一批经高考入学的大学生，我们就读于杭州大学（今浙江大学）历史系，几年前退休后，我们又不时相聚品茶赏茶，共享茶生活的乐趣。茶友中有在茶聚时相识的退休领导干部。他们退休前，在各自的岗位上兢兢业业地做贡献，退休后淡泊名利，修身养性，品茶成为他们日常生活中的一大乐事，我也从与他们的茶聚中增长了许多经验和知识。还有正在奋斗的年轻人，他们风华正茂，各有成就，正在努力攀登人生的新高峰，进入人生的新境界。在茶聚中，这些年轻人为我的生活注入青春活力，也给予我诸多的帮助。我的茶友们出身背景、年龄、性别、职业、受教育程度、经济收入、个性等各不相同，但在茶的召唤下相聚在一起，共享茶生活之乐趣。茶友们的友情是如此温润而隽永，而这不正是我欲形容的金百谷系列之竹窠肉桂的茶意？茶友们的友情温润而隽永，金百谷系列之竹窠肉桂的茶意温润而隽永。听说北方正大雪纷飞，一首小诗在我的心中涌出：

我只想，在纷飞的大雪中，
牵着你们的手，
一路走，一路走，
纵然不能天长地久，
也能相伴一起白头。

茶语

茶友的友情。

冬品金骏眉

新　剑

半年来，我只喝岩茶。在老师的引导下，我已渐渐形成自己的品茶认知。岩茶一是品香，二是品香的变化，三是品香的韵味。对香气特别浓烈、香气没有变化或冲泡三四道就陡然失香的茶，我断然不敢恭维。

喝岩茶养成的做派有用鼻闻香，用舌品醇，用喉觉甘，呼吸得爽。冲泡一般是八克盖碗、公道分杯，与一般喝茶不同，冲泡是品茶的关键。

今天小雪节气，我觉得应该换红茶暖暖胃了，于是找出了已存放多年的金骏眉，包装袋上文字强调：五百克金骏眉，需数万颗芽头，按正山小种工艺采制，属茶中之珍品。由于我是初次用泡岩茶的方式泡红茶，心中最忐忑的是陈年红茶是否会因保存不妥被杂味侵扰或因冲泡程序不当而失味。

先闻茶香。从开袋到醒茶，都能嗅到一种类似陈茶发酵的味道。随沸水注入，香气渐显，杯底和汤中皆可闻香。香虽不浓郁，但其中水果甜味可鉴且变化着。

此茶汤味醇正。三泡之后，我感觉这款茶最值得称道的还是汤味的醇厚，喝上去有种浓稠的感觉。茶汤入口，不涩不苦，绝无异味。品后喉头有甘爽的凉气。

茶的香与醇，不知是否类似酒的香与醇，浓香型的五粮液若打碎一瓶，会满楼泛香，但论醇香、醇厚，五粮液却难赢酱香型的茅台。茅台胜于五粮液，应该主要胜在醇上。如果金骏眉也通此理，那么，这款茶当是好茶！但与岩茶比，哪怕是作为“口粮茶”的水仙，香味也甩开这款金骏眉好几条街。有茶客评论曰：“百元喝香，千元喝醇，万元喝活。”我忽然好像体味出点什么了。

三泡之后，总结如下：香味先有果甜味，但不浓艳。盖碗嗅茶、量杯闻汤、杯底吸气，步步都有果甜味。先是杯底淡淡果香，后来汤中糯香袅袅。五道水后香味趋淡，并变成糯米香味。

再看汤色变化。头几泡出水快，沸水冲入盖碗即分至玻璃公道杯，此时汤呈金黄色。至第五泡，汤色变暗，虽出水逐步放慢，坐杯更久，但褐色渐显。

泡前的茶叶，尽是芽头，呈黄褐色；泡后，茶型不乱，仍是芽头，水浸之故，叶呈深黄褐色且油亮。

品完茶后，我到钱塘江边漫步，一呼一吸中满口都是甘凉爽快的气息。不知是心理因素还是茶多酚的作用，我走起路来也有一种轻快的感觉。

真是：饮茶自品当记之，茶不醉人人自醉！

岩茶三味

新　剑

喝岩茶，无疑是到达了喝茶鄙视链的“高端”，会有“一览众山小”的感慨。

喝岩茶，三味其实也就“三味”：一曰香，二曰醇，三曰韵。香是前提，香在变化，恬淡有趣；醇是基础，醇在纯厚，鲜有苦涩；韵是根本，韵在悠长，口感清爽。

喝岩茶，首先是与谁喝。有朋自远方来，不亦乐乎！高人指点，齐声诺诺，岂不快哉！其次是喝什么。水仙、肉桂、大红袍，最有韵味的莫过于素心兰。岩茶门第，前后有序，鼓励竞争。最后是怎么泡。工欲善其事，必先利其器。八克盖碗，温壶醒茶，出汤坐杯，长短讲究；百毫公道，点兵各盏，分汤有度；胡桃小杯，小啜细品，入口即化。有赞有叹，论长议短。一言以蔽之，岩骨花香！

茶也是药：故事和体验

米　马

茶有药的作用，这是个早已被证明的事实。中国是世界上最早采茶和饮茶的国家，茶可饮用是从神农尝百草开始的。文献记载："神农尝百草，日遇七十二毒，得荼（茶）而解之。"可见茶的药用功能很早就被发现了。

我们去武夷探茶，听到许多有关茶的民间传说，其中不少与茶治病有关。最典型的是大红袍的传说。僧人用茶汤治好了得了暴病的上京赶考的书生，

书生考中状元，被选为驸马。书生又用所带茶叶泡出的茶汤治好了皇后的疾病。皇上龙颜大喜，命状元再回武夷山，给救命的茶树红袍加身，这便是“大红袍”名字的由来。

杭州的龙井茶也有类似的传说。据说乾隆下江南，恰逢春茶采摘时期，乾隆带龙井的新茶回京，治好了太后的眼疾。于是，乾隆所带茶叶的十八棵茶树被封为龙井“御茶”。再比如盛产白茶的福建福鼎太姥山，也有太姥娘娘为治百姓疾病，从太姥山顶觅得茶种栽种白茶的故事。

明代钱椿年编的《茶谱》中有“人饮真茶，能止渴消食，除痰少睡，利水道，明目益思”的记载。现代医学也证实了茶具有强心、降压、抗辐射、解毒等功能。

本人有幸参与了一些茶生活论坛的活动，所接触的资深茶人中多有以茶治病的经验。如用陈茶治小儿积食，用老白茶治上火引起的牙疼、嗓子疼，用白茶和岩茶治便秘，用茶和蒜瓣配合止泻，用绿茶治口干口苦、牙龈红肿出血，等等。尤其是喝岩茶，每每几泡喝下来，茶气充足，周身舒泰；再喝，背部发热，微汗。喝岩茶通气、通血、通脉，令饮者神清气爽。

茶是源于中国的瑰宝，是药食同源的饮品。喝茶，可怡情养性，还可保健强身。

茶缘，茶情，茶道

万　强

“茶缘，茶情，茶道”这个标题有点分量，想必作者定是个喜茶、爱茶、懂茶之人。其实不然。

同学喜茶，常在同学群中发一些茶文，这些茶文或为茶史掌故，或为品茶要领，或茶品特色，读来总让我觉得茶香扑面。后来，茶生活论坛打算出一本关于茶的文集，同学向大家约稿。我纠结许久，还是无从下笔。除了文笔愚钝外，主要原因有三：

一是茶缘不长。记得是在我五十岁左右时，体检报告显示甘油三酯严重超标，医生严正警告再不重视，高血压、糖尿病、心脏病就会接踵而来。末了，医生比较温情地问了一句：“喝不喝茶？”我摇摇头：“不喝。”医生：“难怪难怪！茶是‘刮油’的，你要喝茶，喝茶，喝茶。”

当兵十一年没有学会抽烟，在机关单位混了十年依然清水一杯。回顾前半生，这两件嗜好没有染身，朋友们比较诧异，我自己也淡然安然。这回身体拉响警报，医生当头棒喝，我才开始一本正经地喝茶。此前或做客或开会或聚餐，自有饮茶的时候，不过那是蜻蜓点水偶尔为之。所谓“一本正经喝茶”，就是坚持每天一杯茶。我由此与茶结缘。

那些喝了三十年、四十年、五十年茶的茶客，茶缘颇深，我与茶结缘才区区二十年，如此短暂，岂能写茶？

二是茶情不专。我虽为一本正经喝茶，但不为品茶，只为降脂。纵然每天一杯，但我用情不专，属于“滥喝”。身在杭州，绿茶起步。不问品类色

味，不论质地优劣，只要是茶，我就喝。

一直喝绿茶，我的味蕾已习惯于淡淡的清香。我到朋友处聊天，朋友泡上一壶铁观音。茶一入口，我立马被馥郁的香味击倒。此后，我办公桌上茶罐里的茶叶就换成铁观音了。喜新厌旧，好景不长，我渐渐感觉胃有点不舒服。朋友相叙，席间说起，朋友指点迷津：铁观音刮油刮得厉害，有的人胃会不适应，建议喝红茶。朋友顺手递上一杯红茶，我几口下肚，感觉中脘穴附近暖暖的，胃部畅通。于是，新茶换旧茶，祁门红茶、云南红茶、四川红茶、锡兰红茶等“红颜知己”，相继“登堂入室”。

朋友送来一罐九曲红梅，勾起我的一缕回味。几年前，我曾到双浦镇看项目，当地人介绍此地盛产红茶，名为九曲红梅，在十大红茶之列，但被西湖龙井的盛名埋没了。当时我也没觉得有多可惜，西湖有龙井足矣，我喝绿茶足矣！而此时，我喝茶口味由绿转青，又由青变红，再品九曲红梅，顿觉其被埋没实在可惜。

然而，我的喜新厌旧并未就此打住。后来，我又爱上了普洱茶，之后又喝上了儿子孝敬的老白茶。

感情要专一，对人对物莫不如此。我茶情如此不专，岂配写茶？

三是茶道不深。我与朋友相聚茶馆，但见沏茶姑娘青丝垂肩，眼神专注，一双纤手拂云拨水，茶、壶、杯都似有了灵性一般。乌龙入宫、悬壶高冲、春风拂面、关公巡城、韩信点兵…… 茶未入口，已心旌荡漾。几次光临茶馆，那泡茶的十八口诀，也能在朋友面前卖弄一番了。加上我茶龄虽不长，但饮茶绿、青、红、黑、白五色俱全，自我感觉茶道已深，纵然没有百步之远，总也有五十步了吧！

偶有一日，听老道茶人述说茶道，方知自己实乃井底之蛙。

老道茶人说，茗茶境界分四大层次。一曰喝。饮茶者把茶当饮料，满足生理需要，解渴。二曰品。这品就比喝高了一层次，饮茶者开始注重泡茶的水质茶具，开始讲究茶叶的色香品相，开始细品茶叶的不同风味。三曰艺。这是已经上升到艺术境界，备器、择水、取火、候汤、习茶五大环节，无不给人一种美感。四曰道。茶艺用眼观看，茶道用心体会。品茗只为修身养性品味人生，力求达到“三心境”：一私不留、一尘不染、一妄不存。纵使一壶茶水能煮春秋，却因几缕茶香冲淡世事。

四个层次，由生理层面逐次上升到精神层面。对号入座，我在哪个层面？不想说，说了惭愧。

如此茶疏道浅，岂敢写茶？

呵呵，不能写，不配写，不敢写。搁笔回看，坑坑洼洼絮絮叨叨的，居然也写了这么多了，恰似对自己喝茶经历的粗略盘点，对自己喝茶境界的浅浅描绘。豁然明白，自己茶缘虽短暂，但已结缘；茶情虽不专，但已生情；茶道虽不深，但已上道。好，既已欲罢不能，那么就百尺竿头，继续吧！

茶，上茶，上好茶！

白观音——“王婆制茶”系列之一

半吃茶

因爱品茶，又喜胡思乱想，于是，我常凭空思忖何种茶可以拼配何种茶，或配何种食材会出现何种茶味、有何种茶感。思定后，便动手制作，自以为得佳味者，便请茶友品鉴，求点赞，征建议，乐在其中。因敝姓王，女性，已入老年人行列，夫君便化用“王婆卖瓜”一词称我是“王婆制茶”。在未想出更好的回应前，我且认之。以“王婆制茶”为副标题，撰文记下所制之茶的制茶方法及茶味与茶感的特征，以飨众人，以求同道。

白观音是我试制成功的第一款茶。该茶以种植于浙江省丽水市龙泉市海拔一千零八十米的披云山上的安吉白茶于夏末秋初新生的青叶为原料，以清香型铁观音制作工艺制作。因原料为安吉白茶，以铁观音制作工艺制作，故我将此茶命名为“白观音”。

安吉白茶实为绿茶，其夏末秋初之青叶虽较春天之青叶色深叶厚，但与一般的绿茶之青叶相比，叶色仍较淡，叶片仍较薄。以铁观音制作工艺制作，用轻焙火加工，其干茶为条索状，纤秀卷曲，色乌润透墨绿，花香轻扬飘逸。以沸水冲泡，且一冲一饮，茶汤汤色为棕黄色，有一种绵延百代的士族大家的富贵和大气之感；汤香为春末夏初花田中的花香，繁复而清新，尾香中有幽幽的兰花香飘出，令人如出花海之后又入幽兰飘香的空谷之中；汤味清爽润滑，无涩味，入口即甜；茶底细秀如纤云弄巧，色乌红，有一种精致之感。

与常见的以铁观音宜制品种茶树之青叶为原料制作的铁观音相比，这款以安吉白茶（安吉白茶名为“白茶”，实为绿茶）之青叶制作的、被我称为“绿茶青做”（铁观音属按发酵程度分类的中国六大茶类中的青茶，也称乌龙茶）的白观音茶品不耐泡，五道水后香、味即淡化，但色稳定，富贵沉稳之韵不减。这令我想起古代那些出身世族豪门，厌倦了世俗嘈杂而隐居于深山中的隐士。他们虽粗衣淡饮，居草屋茅舍，但头颅是高昂的，脊梁是挺直的，思想是自由的，精神的富贵与大气贯穿于他们的一生。就让这款白观音茶品带领我们进入古代隐士的世界吧！

茶语

隐士。

汉宫春阳——“王婆制茶”系列之二

羊吃茶

汉宫春阳为青茶（乌龙茶）拼配茶，是我制作成功的第二款茶。该茶以福建武夷山天沐茶业出品的武夷岩茶之奇丹、老枞水仙和福建漳州诏安鹤灵宗茶业出品的闽南乌龙茶之八仙茶，按比例拼配而成，为拼配型乌龙茶，拟以该款奇丹（武夷岩茶小品种，以中火烘焙）特有的纯正亮丽的茶香和顺滑的茶味，该款老枞水仙（以中足火烘焙）特有的醇香和润滑绵柔的茶味，该款八仙茶特有的春花春草之清新、清丽的茶香和滑爽、回甘之茶味，形成本款茶特有的大气、质朴、厚重的汉室皇宫中春阳明丽而暖融的意境和茶韵。

汉宫春阳的干茶为条索状，乌润的茶色中有墨绿之色闪动，如远远的黛山含翠；武夷岩茶特有的醇香中，飘拂着闽南乌龙（八仙茶属闽南乌龙）特有的清雅之香。汉宫春阳宜用一冲一饮的工夫茶冲泡法冲泡。取八克干茶入盖杯中，以一克茶用一点二五毫升水的比例，注入一百摄氏度的沸水，三秒钟后出汤。汉宫春阳茶汤的汤色为深黄色，时有亮黄色在汤面跳跃，如明媚的春日里普照大地的暖阳；奇丹的秋兰香与八仙茶的春兰香融在一起，形成茶汤之馥郁而雅丽的前香——兰花香，而兰香与日渐明显的粽叶香又构成了茶汤的后香，从而，在全新的茶香中，汉宫春阳将人引入西汉前期如朝阳勃发的壮丽之中。茶汤汤味以武夷岩茶特有的醇厚为主，又不失八仙茶特有的爽滑；老枞水仙特有的润柔极大地盖住了八仙茶的涩味，但提升了八仙茶的回甘，使得汉宫春阳的茶味中具有了柔甜绵长的口感。茶底亮润柔软，乌润的武夷岩茶中夹着墨绿的八仙茶，仍是一派黛山春色。

汉宫春阳很耐泡，十二道水后，仍汤色如初；汤香中，老枞水仙特有的粽叶香更为明显，令人心旷神怡；汤味柔、甜、爽，直至茶尽，仍满口清甜爽甘。

茶友们认同汉宫春阳蕴含如西汉前期皇宫般质朴、豪迈、厚重的春意盎然、春阳融融的茶韵。也有茶友提出，八仙茶的墨绿色与武夷岩茶的乌润色不协调，但另一些茶友则说喜欢这黛山春绿的远山感。如何使干茶色和茶底色更佳，我仍在思考。

茶语

西北大山，江南春阳，意成佳茗，共乐共享。

炒米茶——“王婆制茶”系列之三

羊吃茶

炒米茶为绿茶再制茶，是我制作成功的第三款茶，其制作方法十分简单：将铁锅洗净，完全去掉油渍后置于炉上，放入半斤东北大米，以中火至小火炒至土黄色，再取一两半龙井绿茶之干茶（以雨前龙井为佳，在冰箱中放置了二三年的陈茶亦可），以一层炒米一层茶叶的方法窨入瓷罐中，盖上罐盖后，装入布袋，扎紧袋口，半个月后开罐，即可饮用。这一炒米

茶的制作有六大关键点：一是米和茶均须是质量较好的，且均须无陈味；二是米的炒制须掌握火候，把握时间，太生无香味，太熟有焦味；三是炒米与茶的比例以一斤炒米三两茶为佳，否则，或影响茶之香与味，或影响该茶的养生功效；四是窨制方法须一层炒米一层茶，米层和茶层都不能太厚，也不能太薄，以保证炒米与茶充分、均匀、全面地相互影响与作用；五是须置入洁净的瓷罐窨制，保证所制之茶无异味、无异物，茶味醇正；六是窨制时间以半个月为佳，时间太短，炒米香与茶香尚未充分结合，时间太长，炒米的香味会淡化，乃至出现异味。

炒米茶宜用一冲一饮的方法冲泡，不宜浸泡，否则就成炒米茶泡饭了。取五克左右的炒米茶置入有滤胆的茶壶或有滤杯的茶杯中，将沸水冷至九十五至九十八摄氏度后注入，五秒钟后倒出壶中茶水或取出滤杯，就可以饮用了。三道水后，依饮者的口感偏好，可适当坐杯，一般五克炒米茶可泡十一二道水。

炒米茶的干香是炒米的干香夹着绿茶的清香，其中仿佛飘拂着江南春茶采摘时节茶村的忙碌和欢乐；茶色是土黄中夹着青绿，青绿中闪着土黄，让人联想到春雨霏霏中，茶山小路旁被雨水打湿，沾上了点点泥星的春草。注水后，润润的炒米香夹着清新的绿茶香飘拂而出，令人舒畅；汤色青绿嫩黄，如江南早春清晨的一池春水；汤味醇滑润爽，无涩味，稻米的植物甜与茶叶的植物甜相融于一体，形成一种全新的甜味，令人遐想，令人回味。三道水后，浸润的炒米开出了朵朵莹白的小花，那原本如土黄色的“泥星”也转变成小黄花，于是，一幅江南早春茶山的写意图出现在眼前，春意无限。

按中医的观点，炒米有健脾养胃之功效。而在窨制过程中，绿茶在保持原有的清热解毒、降脂减肥的功效的同时，也弱化了原有的寒性和醒脑功效。故而，炒米茶不仅香妙味佳，也有一定的养生功效，而胃寒和易失眠的茶友喝后也反映说无不适感。

将炒米茶与茶友分享，获夸奖多多，且以两则茶友感受为证。茶友张新建说：“炒米茶汤色清且淡，微微现草青。杯中米香溢，汤味有醇润。三分钟浸泡，七八口品饮。暖暖有胃气，虚火不入身。”茶友徐明说：“首先，不得不赞一下，你这两样（指米和茶）原料都很纯正，各有各香，口感很好；其次，这茶挺适合我，去虚火，入胃也舒适，不影响睡眠。我现在隔几天就喝一喝，尤其在口腔、肠胃有虚火时喝一喝，第二天身体就觉得清爽多了。”

喝炒米茶，令人进入一种江南春日的意境中：春阳初升，斜照在村边池塘上，绿色的微波镀上了一层淡淡的亮黄；白色的荠菜花和黄色的蒲公英花星星点点地开在村道和山道上，让刚被一夜春雨润泽的野草多了几分灵动和妩媚；农舍中有粥香飘出，和着新炒绿茶的清香，让人有一种润滑香甜之感；山上的茶园中，薄雾慢慢退去，嫩芽幼叶在微风中轻摇，青叶的清新之香时隐时现，如顽童在面前一闪而过……

唐代大诗人白居易《忆江南》词云：“江南好，风景旧曾谙。日出江花红胜火，春来江水绿如蓝。能不忆江南？”“江南忆，最忆是杭州。山寺月中寻桂子，郡亭枕上看潮头。何日更重游？”一杯炒米茶在手，就算在遥远的北方，也会想起江南茶山春景，想起杭州西湖龙井佳茗之美妙吧！

茶语

忆江南，思杭州。

茶与蛋的完美结合

羊吃茶

茶叶蛋是我最喜欢的蛋类制品之一。相较于五香茶叶蛋、卤味茶叶蛋，我更喜欢只用茶叶、盐、蛋一起煮的无其他添加物的茶叶蛋。借用武夷山茶农将用单一品种大红袍制作的武夷岩茶称为“纯品大红袍”的命名方法，我把单品茶、盐、蛋一起煮成的茶叶蛋称为“纯品茶叶蛋”。

我家煮纯品茶叶蛋之法来自我母亲的亲传，集四十余年煮茶叶蛋的经

验，以科研人员特有的专业精神，我总结出用绿茶、红茶、青茶（乌龙茶）所制之茶叶蛋的不同之处：绿茶茶叶蛋的蛋白较松软，蛋白上的花纹清浅秀雅；红茶茶叶蛋的蛋白较硬，蛋白上的花纹深黑浓烈；青茶（乌龙茶）茶叶蛋的蛋白韧而有弹性，蛋白上的花纹呈咖啡色，如云南产的大理石般赏心悦目。因此，相比较而言，我更喜欢品尝用青茶（乌龙茶）煮的茶叶蛋，而用青茶（乌龙茶）中的闽北乌龙，尤其是用武夷岩茶的茶底煮的茶叶蛋，更是色、香、味俱佳，食之令人难忘。得意之余，从共享出发，我将煮茶叶蛋的家传之法写下来，收录于2018年由清华大学出版社出版的拙著《茶生活》一书中。

煮茶叶蛋的茶叶以喝过的残茶为宜，每次一到三泡残茶均可，可连续煮两到三次。如为未泡过的干茶，绿茶以五克、青茶（乌龙茶）和红茶以三克为宜，均可连续煮两到三次（每次放入鸡蛋六到八枚）。因我个人均以残茶煮茶叶蛋，忘了在书中说明煮茶叶蛋之茶以残茶为宜，结果造成了茶友陈君的“茶叶蛋首秀”失败。

茶友陈君在看了《茶生活》一书中记载的我的家传煮茶叶蛋之法后，决定亲自动手，煮若干以佐早餐，与夫人共品之。结果，煮出的茶叶蛋，据他所说，蛋白很硬，很不好吃。他将这一结果告诉我，我很惊讶，大呼“不可能”，并在惊讶之余，下次茶聚时带了煮好的岩茶茶叶蛋请诸茶友品尝，以证明我言非虚。在边嚼着色、香、味俱佳的茶叶蛋，边证实我的家传之法之妙时，大家又一起探讨了陈君“茶叶蛋首秀”失败之原因，未果。直到一日，有茶友要把残茶带回家煮茶叶蛋，陈君突然问：“茶叶蛋是用残茶煮的？”茶友曰：“用残茶为宜，若未泡过的干茶，三克即可。”陈君这才恍然大悟：“我是用朋友送的台湾冻顶乌龙，没泡过，放了一大把。”众人齐应：“那煮出来的蛋白肯定是又僵又硬的。”于是，陈君分得两泡残茶，回家重新做茶叶蛋。

当天，捷报传来。以“茶与蛋的完美结合”为题，陈君在微信朋友圈发布纪实性照片并配文，说用武夷岩茶残茶，以《茶生活》一书中所载之法，煮出了美味的茶叶蛋。闻之，众茶友皆乐。

冯君喝茶五记

羊吃茶

冯君，女，杭州人，过去爱绿茶，与武夷岩茶相遇后，近几年爱上了武夷岩茶，有了新的茶言茶行。因是茶友，其茶言茶行颇有茶趣，故录之若干，以资众乐乐。

一

爱上岩茶后，冯君对茶的认知有了较大的转变。见到表演性、展示性

的茶艺演出，她会评论说：“茶是用来喝的，不是拿来看的。”在与茶友茶聚时，见到有人一心玩手机或只顾大声聊天，她会指正说：“喝茶要安静，只有静下心来，才能品出茶的滋味。”看到有人喝岩茶如牛饮，她会告诉对方：“岩茶要品，品字三个口，一口一口喝，才能得其茶韵。知道吗？”

二

与朋友茶聚，品饮岩茶，即使所品第一款就是好茶，冯君也会强调压轴茶的重要性。每周二朋友们茶聚，一般会喝四款茶，最后总是要喝一泡像瑞泉茶业出品的素心兰这样的好茶作为压轴。冯君觉得喝了这压轴茶，才能口齿留香，回味无穷，而若没好茶压轴，哪怕已喝了多款茶，她也会优雅地叹口气说：“今天喝得不爽呀！”

三

冯君认同茶友“茶香是岩茶的基础，最重要的在于茶韵”的观点。于是，在茶聚品饮岩茶时，若有人说喝的这款茶很香，是好茶时，她会边回味边意味深长地回应“香确实是香，但茶韵太薄”；当有人一闻到醒茶时的茶香就大呼“好茶好茶”时，她会以一种科研人员的认真告知对方：“要喝过茶，品了茶韵后，才能知道这是不是好茶。”

四

有茶友总结说：“好的岩茶有通气、通血、通经络的功效。其中，通气的表现是饮后打嗝和下排浊气；通血的表现是饮后身上发热，有汗沁出；通经络的表现是饮后全身有热流沿经络流动，通身舒泰。”冯君初闻之，无语，腹诽曰：“玄玄乎乎，神神道道。”喝岩茶几月后，冯君喝茶时嗝声不断，茶友笑曰：“通气了！”不久，以良好的茶感和体感，冯君体会到了通血和通经络的效果，每次喝岩茶，她身上都会有汗渗出，背部感觉暖意融融，暖流涌入脚底，即使寒冬，足部也不再寒冷。冯君将这些体会与他人分享，尤其会在与不知岩茶者一起喝茶时，述说岩茶的“三通”功效。于是，在这种场合，在别人无语她独语中，她注意到了许多人脸上显现的一种“玄玄乎乎、神神道道”之神情，相当开心惬意。

五

自爱上武夷岩茶后，每日一泡成为冯君日常生活的一大内容，以一冲一饮的工夫茶方法品饮武夷岩茶，辅之以其他青茶（乌龙茶），如白芽奇兰、纳橘茶，是她每日下午必做之事。喝茶快乐多，她说：“你不知道，每天下午岩茶品品，音乐听听，茶歇时瓜子剥剥吃吃，有多惬意！”

孙子的茶趣言与茶趣事

羊吃茶

家有孙子两个，大的长小的两岁。因我与丈夫爱喝茶，他俩便不时参与其中。大的爱泡茶，属实干派；小的爱喝茶，属享乐派。无论是实干派，还是享乐派，常有茶趣言、茶趣事出现，让我们乐而忘忧。在此分享若干趣言趣事，以资众乐乐。

一

某日，我和丈夫说起某茶馆喝岩茶，老板娘泡茶出场费三千元一场，老板泡茶出场费八千元一场。大孙子拍板说：“爷爷奶奶，我们也开个茶馆吧！我泡岩茶五百元一杯（指工夫茶的小茶盏），不，这么贵，人家不会来，就五十元一杯吧！”我们大笑说：“五十元一杯很赚钱的啊！但如果是很贵的岩茶，恐怕连茶叶的钱都不够呢！”大孙子马上很有气势地一挥手说：“那茶叶钱另外算！”

二

大孙子刚学泡茶时，爷爷教他用茶刷清理泡茶盘里的茶屑。茶刷像毛笔，大孙子坚决不让爷爷用“毛笔”清理茶盘。爷爷说：“这是茶刷，是专门用来刷茶盘的。”大孙子不信，在争执无果后，委屈地大哭。我循声问之，大孙子哭答："我跟爷爷说，不能用毛笔刷茶盘，他就是不听。我说毛笔是写字的，不能刷茶盘。他就是不听。"

三

我有一玻璃分茶器，为朋友所送，柄为中空，内置金色铜屑，金光闪闪。大孙子说："奶奶，如果这个分茶器破了，这个柄不能扔掉，这里面有那么多金子，可以卖很多钱的！"

四

二孙子与爷爷奶奶一起喝茶，听到岩茶有花香、果香、木香等香气后，经常会在喝岩茶时问散发的是什么香。一日，在二孙子喝下一盏岩茶还未开口相问时，爷爷就问他："这是什么香？"二孙子凝神思考十几秒钟后，

正色答曰："茶香！"众人皆大笑。

五

二孙子把夹铁壶盖的竹夹子掰断了，马上大哭。爷爷不忍，赶紧对他说："没关系、没关系，爷爷还有一个！"于是，二孙子破涕为笑，笑得灿烂无比！我则在一旁哑然失笑：呵呵！一个黄口小儿就这样把阅历丰富的老同志给蒙骗了。

六

我给二孙子讲解："古代君子有人生三乐，家人安好，人生无愧，教书育人。"二孙子接口说："我也有人生三乐，一是玩，二是喝茶，三是吃东西。"

喝茶乐趣多，听小朋友趣言，观小朋友趣事，也是一大茶趣呢！

茶是生活最好的陪伴

董建萍

茶是风雅之物，是大自然提供给人类的生活享受。每个时代有每个时代的茶事。茶生活论坛希望反映这个时代的茶思、茶事、茶生活。

我首先在繁重的体力劳动中体会到茶的美好。

当年我在农村插队，一下乡就碰到“双抢”——抢种抢收。那是一年中最热的时节——7 月底 8 月初，农民要在短短的半个月时间里把早稻收上来，把晚稻种下去。我们知青第一次参加这样的劳动，一天要干十几个小时。那种累，那种辛苦，没有亲身经历过是很难想象的。

劳动间隙，我第一次享受到了房东大妈送来的凉茶。一碗下去，那种舒畅，那种幸福，令我终生难忘。在这之前，作为中学生，我根本不懂大人为什么要喝这种苦苦的东西。在劳动中，我才明白了茶的美好、茶的体贴。

那时候在村子里，夏天你无论到哪家，村人都会用碗盛着凉茶，请你畅饮。每年春天，村中的女人们纷纷相约去山上采茶，那可是真正的野茶哦！到了晚上，家家灶间里都会飘出茶的香气。茶的美好是在劳动中产生的，茶是大自然对人类的美好馈赠。

茶陪伴了我的青春。尽管那时的我完全不懂茶，品不出茶的好坏，但是采茶的欢乐，夏天凉茶、冬天热茶的解渴，在乡亲们家里被敬茶的那种温暖，都成为我生命中难以忘怀的美好回忆。茶源于生产和生活，茶是劳动最好的陪伴，茶是对劳动者最好的慰藉和奖赏，这也许就是茶生活的真谛。

现在爱茶、藏茶、品茶的人越来越多。茶事即是雅事，茶用它那特有

的迷人韵味把爱茶之人聚集到了一起。茶人之间的亲密关系甚至可以超越职业、性格、文化、教育上的差异。

但是，我不太确定，社会是不是让茶承载了太多的精神的或物质的东西，茶会不会因为人们的过度消费而渐渐远离茶本身。好在，有很多茶人意识到了这点，他们坚持让茶回归生活，让喝茶回归喝茶本身。

漫说昆仑雪菊

董建萍

昆仑雪菊是我偶然遇上的。我惊艳于它，首先是它的香味。一罐用便宜的塑料罐装着的昆仑雪菊，红黄色的小花干干地缩在那里，非常不起眼。但是打开盖子，凑近一闻，一股异香扑鼻而来，香味中有花香药香，尤其是那好似远古而来的药香，溢出浓浓的异族情调，非常独特，好闻极了。

我仔细观赏昆仑雪菊。昆仑雪菊的个头比一般白菊花还要小些。雪菊的花瓣是土黄色的，花瓣根部有点棕红色，与花心一个颜色，整朵花呈红黄两色，很耐看。昆仑雪菊的茶汤也很惊艳，十来朵小花就能泡出深红色的茶汤，但其红色，跟红茶还是有一些区别的。红茶的浓淡反映在汤色的深浅上，但无论深浅，那红色都在一个色系中。而昆仑雪菊的茶汤，浓时深红色媲美红茶，淡时呈金红色。

雪菊茶汤有点陈年红茶的滋味，又带点药味，同时又隐隐有菊花茶香。雪菊很耐泡。用茶壶或茶碗泡，十来朵可以喝上一下午。取四五朵放入茶杯里，也可以喝上好几杯，茶色仍然漂亮。昆仑雪菊在茶汤里很舒展，在水中上下舞蹈。一下午泡过，雪菊仍然朵朵分明，完完整整，一片小花瓣也不掉。喝完洗壶和杯，花渣一下就滑溜出去，不跟你纠缠。这让我觉得，经过高寒、高海拔阳光的磨砺，雪菊蕴藏了极大的正能量。如果昆仑雪菊是人，肯定是一位很温暖的人。

兴趣来了，我就去查找资料，了解昆仑雪菊的前世今生。

昆仑雪菊，在维吾尔语中叫“古丽恰尔”，是花茶的意思。它生长在新疆昆仑山海拔三千米的山地上（雪线之上），每年 8 月开花，产量稀少，为牧民所珍视。它的生命力十分顽强，冬天冰封昆仑，人们仍然能在冰雪下找见这小花。“昆仑雪菊”其实是商品名，是商家取的，有意将它与“雪莲”相对应。

昆仑雪菊现在已经人工种植了，春天育苗（不是播种），然后移栽，覆盖细土，细心喷淋。这样到夏天才能收获，产量仍然不高。昆仑雪菊以和田地区出产的为佳。昆仑雪菊如此珍贵，但远在天边无人识，到现在还没“红”。

雪菊是功能性的养生茶，可以消炎、明目、降“三高”。当地的牧民碰上感冒发热，都习惯泡上一碗昆仑雪菊喝。

鹧鸪茶

自然之子

8 月里，我到海南一游。大堂里，摆放着供客人饮用的茶水，其茶名曰“鹧鸪茶”。咦，有意思，鹧鸪不是一种鸟吗？怎么和茶扯在一块儿了？

原来，这种茶采自当地山上的一种野生灌木，这种灌木大多生长在荒山野岭的石头缝里。早年间老百姓叫它“山苦茶”，上山劳作时，会顺手采一些叶片回家泡水喝，味道先苦后甘，能清火。后来，相传万宁的一家农民养了一只心爱的鹧鸪鸟，有一阵子，这只鸟病了，成天蔫蔫儿的，于是这家农民翻山越岭采来此茶，泡上热水，喂鹧鸪鸟喝。几天后，鸟儿不但病愈，且活了很久，于是，老百姓口口相传，说这茶有保健功用，遂称为“鹧鸪茶”。

过去有一说法，认为鹧鸪茶只产于万宁的东山岭一带，故民间有“东山岭鹧鸪茶”之称。实际上，海南的琼中、乐东、保亭等地的山区都产鹧鸪茶，但以万宁东山岭与文昌铜鼓岭出产的鹧鸪茶质量最好，最有名气。鹧鸪茶常被手工制作成一串一串的，每串约二十个茶球，每个茶球大小跟乒乓球差不多，串起来的茶球挂在那里就像一大串佛珠一样，很有特色。

严格说来，鹧鸪茶只经过了粗加工，并没有像其他茶叶一样经过杀青等工序，所以鹧鸪茶的茶叶看起来特别大，泡后就像大片的树叶一样。在冲泡鹧鸪茶时，最好选择较大的茶具，方便叶片展开。据当地人介绍，冲泡鹧鸪茶，需用“上投法”，即先一次性向茶杯或茶碗中注足热水，待水温适度时再投放茶叶，稍后再注水至离杯沿一至二厘米处。鹧鸪茶冲泡后汤色清亮，闻之有淡淡的药香，据说是海南多地百姓家一年四季的日常饮品。《本草求原》记载：“鹧鸪茶，甘辛、香温。主咳嗽、痰火内伤，散热毒瘰疬；理蛇要药。根，治牙痛、疳积。”因其药用价值，所以在历代文人墨客的笔下，鹧鸪茶被誉为“灵芝草”。剧作家田汉当年登海南万宁东山岭时，曾写下“羊肥爱芝草，茶好伴名泉”的诗句。东山羊肉无腥膻味，鲜美可口，有人认为是当地的羊常食鹧鸪茶嫩叶的缘故。

普洱茶罐

青　旗

造访一位兴趣广泛的老朋友，品茶叙旧至深夜。所饮普洱名茶不必赘言，见所用的陈年茶罐非金、非银、非玉、非石，而是由普洱茶压模凝铸而成的，是难得一见的好东西。

此普洱茶罐是用云南普洱茶（纯茶）压制而成的，采用云南民族饰品装饰，做工精细，罐身四周有麻绳缠绕成的圆形装饰物，具有浓郁的云南少数

民族特色。

茶叶罐的材质非常多，然而不论是什么材质的茶叶罐，都以能最大限度地保留茶的原汁原味为最佳。用普洱茶压模凝铸的茶罐将茶与罐两者融为一体，能最大程度保留茶之香韵，罐盖轻启，茶香溢出，如古道远风，历久弥新。

用普洱茶凝铸的茶罐不仅造型古朴，而且可以令保存的普洱茶香气清纯，不掺杂味。普洱茶之韵，不在茶汤之浓烈，而在茶汤之细腻；不在茶香之张扬，而在茶香之内敛。用普洱茶所制之罐保存普洱茶，更能存住普洱茶之真味。

以普洱茶为原料制作的茶罐，将茶罐与茶叶融为一体，成就了普洱茶的天然悠长之味。普洱茶罐兼具实用性、收藏性、艺术性，万不得已之时，还可掰碎了沏茶，以解茶馋。

从茶场“小白”到品茶爱好者

冯宇魁

我曾去过武夷山，山崖上不知何代的悬棺、九曲溪缓缓漂流的竹筏，都给我留下了深刻印象。武夷山之行，令我感到收获最大的是加深了我对武夷山岩茶和红茶的认识。

家里年年有福建朋友送的茶，但我一直不知道茶怎么喝。直到退休有闲了，我才把这些茶拿出来慢慢品，不问品牌，也不了解品质，只是感觉好就多喝些，感觉不好就少喝些，真真假假，好好坏坏，没有浪费，也算是对得起送茶人。

直到遇到老王，我才算开了窍。对回甘、生津、喉韵、收敛性这些专业名词，我慢慢也能张口即来，对大红袍、水仙、肉桂、正山小种、金骏眉等茶叶品种，我也逐渐有了些了解。

后来，我们深入武夷山，亲临正宗岩茶的生长地慧苑坑，目睹茶叶加工制作的过程，其间，还乘车两个多小时前往大山深处的正山堂茶业，品茶、议茶、会茶人。我虽到不了茶场老手的水平，但也不失为一位品茶爱好者了。

茶　趣

米　马

茶与我相伴几十年，然而生活中有许多“灯下黑”的情形，越是每日相伴，越不觉得稀奇，越不会去花时间琢磨，茶于我便是如此。对于喝茶这件事，我几乎潦草了一辈子，我虽爱茶，每日喝茶，但通常无论好茶赖茶，都是一撮茶叶一杯水，在忙碌中喝上一整天。如今回想起来，不知多少好茶在我的怠慢中变成了“屈死的鬼”。

自从遇到同窗王同学，我的喝茶观才有了彻底的改变。王同学不仅在社会学方面声名远扬，而且对喝茶也有极深的研究。每每同学聚会，她都会随身携带极好的茶叶，在她的妙手下，所泡之茶的茶色、茶香、茶味都非同凡响。在她几番请我们品岩茶后，我被她彻底“拖下水”，对茶有了敬畏之心，开始懂得小茶盏中有大世界。

茶之用据说始于神农尝百草。唐有煮茶，宋有点茶，历朝历代，茶有许多种类、各种功效、不同的品法，内涵丰富，博大精深。文人雅士的诗词书画以茶为题的并不少见，百姓开门七件事，茶也是其中之一。王同学告诉我，“琴棋书画诗酒茶”与“柴米油盐酱醋茶”，同是七个字，她更倾向于后七字中的茶。她所创办的茶生活论坛意在探讨生活中的茶。我细细想来觉得极有道理，大凡有生命力的总是最贴近生活、最接地气的东西。

正因为有了这样的宗旨，我这个虽痴迷于茶但尚属茶生活之道的初涉者才有缘与茶生活论坛的茶友们相聚。生活与茶、茶与生活的关系何等密切，相信茶生活将会成为我们生活之乐的源泉。

品茶，享受慢生活

米马

品茶让人可以在茶香、茶味、茶韵中，享受一种舒缓、宁静的慢生活，调整心情，带来舒适、快乐和健康的体验。

现代社会以“快”为显著特征。我们这一代人前半辈子大多匆匆忙忙，紧张的学习和职业生涯让我们始终行驶在高速公路上，神经紧绷，辛苦而又疲惫。许多时候，我们无暇停下来看看周边的风景，做不到张弛有度，享受生活的种种美好。

现今我们这一代人已经步入需要慢生活的年龄阶段，健康逐渐成为我们不可忽视的人生重要内容，而品茶便是享受慢生活、促进健康的最好方式之一。现在有条件让自己的生活慢下来了，也有时间可以选择做自己喜欢做的事情了，在陶冶性情、享受宁静中，我选择了茶。

“茶”字即人在草木中，茶在天地间自然生长。茶与人、人与自然，是一种最为朴素的融合。“大道至简”“返璞归真”是茶的生命本真状态，亦是人最需要保持的生命状态。

闲暇之时，择一隅之地，沏一杯茶，任思绪在茶香中慢慢舒展，享受岁月静好；不定期地约三五知己茶聚，品一品各自奉献的好茶，聊一聊彼此感兴趣的话题，清闲安逸。

品茶需要静心，需要淡定从容。选茶、配器、取水、煮水、泡茶、品茗，心绪在过程中变得宁静，心灵在氤氲的茶气中得到净化。

煮一壶清茶，度过一段温馨的时光，在熙熙攘攘、五光十色的尘世中停下脚步，反观自心，不失本真，保留自我心中的一片绿洲。

在慢生活里有茶相伴，我度茶，茶亦度我。

小茶盏中大世界——念一法师论茶

米　马

茶与佛教有很深的渊源，但我真正聆听佛教大师谈茶是从杭州上天竺法喜寺的念一法师那里开始的。第一次有缘见到念一法师是在一个秋天。

那天下午，天下着蒙蒙细雨，应武夷山瑞泉岩茶博物馆负责人黄圣辉的邀请，正在武夷山茶区考察的我们一起去了武夷山瑞泉岩茶博物馆喝茶 。

茶席布置十分雅致，博物馆负责人提供的茶叶是瑞泉茶业的极品好茶，听雨品茶很有意境。正巧，念一法师也在武夷山参加活动，也被博物馆负责人邀请来喝茶。席间，念一法师与大家谈茶、谈养生，言谈中显现出法师深厚的文化修养，他看似不经意的语句中充满了哲理和智慧，给我们留下了深刻的印象。

不巧的是，念一法师要赶当晚的飞机回杭，大家意犹未尽，他已匆匆告辞。

再次见到念一法师是在次年 4 月，我们有幸参加了法喜寺的一次小型茶会。

暮春的法喜寺在青山环抱、绿树掩映中显得十分庄严，也许佛门属福地，庭院内的杜鹃、三角梅、芍药开得异常旺盛。

念一法师在禅房布置了茶席，他拿出寺院珍藏的好茶让客人们品尝。品茶中，他娓娓道来的“茶经”使我们受益匪浅。

念一法师说：“人的记忆中有听、视、嗅、味等感官知觉，而味觉往

往是最厉害的。常常听到一句话，叫‘吃到小时候的味道’了，说明小时候的味觉记忆深刻，一辈子都不会忘记。

“小时候看到的东西是会随着时间的变化而变化的。比如，我印象最深的是家乡那条河。那条小时候觉得很宽大的河，现在再看，怎么变得那么窄小了，小得好像我一脚就能跨过去。还有那个池塘，对小时候的我来说，大得就像海洋。现在的我再看到那个池塘，感觉真叫一个小。所以，眼睛看到的东西是会随着你的变化而变化的。

“还有一个词叫‘眼界’，眼界会随着你的阅历变化而发生变化。以前你觉得了不起的事情，等到你的阅历增长了，回头再看，就觉得变得平常了。眼界开阔了，许多事情就会看得更开，更容易放下。

“味觉与视觉不同，许多人生下来接受的就是母乳的哺育。母亲的味道，是人终生都不会忘记的。斋饭中大家吃到的豆腐、豆浆，都是我们寺院自己做的，大家都说吃到了小时候的味道。大家有没有像品茶一样讨论过豆腐、豆浆？没有。小时候有没有想过要把它们的味道记住？也没有。但是今天一吃，大家马上就将小时候的味道记起来了。母亲的味道、小时候的味道，大家都会有深深的记忆，这就是味觉的作用。

“品茶就是味觉在起作用。有一次我与武夷山瑞泉茶业的黄老爹在一起。黄老爹说，他小时候跟他的父亲做茶，五十年前父亲给他喝的茶的味道他现在仍记忆犹新。我立刻感悟到：这就是茶的大师，真正的高手，他有超乎常人的味觉。

“只要在武夷山讲到做茶，特别是在焙火这个领域，至今几乎没有人能超越黄老爹。黄老爹从小就有品茶的天赋，又传承了祖辈的制茶技术，成了武夷山的一绝。

“在武夷山能做好茶的人很多，但焙火焙得好的人，要找到十个都难。焙火的活是要实实在在地做出来的，急功近利是绝对不行的。因为黄老爹有好的先天条件，再加上实实在在、一步一个脚印地去做，所以他能成为大师。

“以茶会友，喝茶可以喝到内心打开。好茶是要讲分享的，自己一个人喝，就没有乐趣了。有个朋友，拿到了一泡好茶，跑到自己的房间，一个人喝了。结果，这件事一直闷在他心里，到现在都感觉不舒服。

“《景德传灯录》中有句话叫：‘如人饮水，冷暖自知。’每个人的感知不同，品茶感受到的韵味也不同。

“有个英国人来我们这里了解茶，了解佛学。他是研究人类建筑和自然环境的，在中国美术学院教书。我告诉他，佛教第一讲佛理，第二讲超越。所有这一切，都需要践行，践行最重要。茶也需要去喝、去看、去品。

“要弄懂理论需要践行，而在践行的过程中，还要有引路人。品茶也一样，品茶没有引路人，是喝不出某种境界的。跟内行的人就是走捷径，跟对人才能喝对茶。”

法师的话虽不时被电话和来找他的人打断，但仍不失微言大义，看似平常随意的话中蕴含着深刻的道理。

品茶悟道，法师说茶，更在说人生，他的小茶盏中有大世界啊。

品茶与品酒

老　坚

源于问学，爱上葡萄酒；缘起会友，初涉品茶。品茶之仪式感和品茶的内涵，让人不禁与品酒相比。

茶与葡萄酒有相通之处。茶和葡萄酒的好坏很大程度上取决于原料植物本身，而原料植物生长的环境至关重要，我们谓之“风土”。植物一定是得天地之气，孕育生长而成的，阳光、雨露、土壤、品种等是茶和酒的成色、香味和品质的决定性因素。

茶和葡萄酒的品质又与人有关，成品的制作、过程的拿捏，同样决定了茶和葡萄酒的品质。保存的环境和年份决定了茶和酒的发展变化。酒讲酒庄和酿酒师，茶也讲茶庄和制茶师傅。茶和酒都品种繁多，酒有葡萄酒、白酒、黄酒、啤酒等之分，茶也分白茶、绿茶、黄茶、红茶、黑茶、青茶（乌龙茶）。种类之下，还有品级和产地之分。

茶和酒的鉴赏颇为相似。观、闻、尝是相同的三个步骤：酒看酒体，茶也要看干茶、茶汤、茶底；闻香辨香，有花香、果香、矿物香等，可分出不同的香气层次；尝讲究与舌头的亲密接触，要辨苦、甘、酸、咸诸味，分丝滑、稠密、柔顺、滋润、涩滞诸感。好酒的标准似乎也适用于对茶的评定：复杂性、平衡感、和谐感、余味。如果懂酒，似乎要入茶门也不难。

不过会友品茶后，我觉品茶与品酒仍然有许多区别。酒为湿，茶为干，保存条件就大不同。酒的发酵结束后，它所含生物的变化基本就结束了，未来岁月是一些物理和化学的变化（如氧化），而茶在保存的过程中，依然有着生物的变化。

酒的保存条件为恒温，茶在保存过程中则依天地时令的造化，追随季节的自然温度。

品茶过程中，茶艺师的作用十分突出，用怎样的水、掌握怎样的温度、出茶快慢、盖碗茶杯形状大小和色彩的选择均为不可或缺的环节。闻茶要从干茶始，经盖香、汤香、杯底香至公道杯的杯底香才是一个周期，观茶也要观干茶、茶汤和茶底。

品茶还讲究气息的运用：闻香，香气从鼻中进，顺肺腑直下丹田，再上升从嘴中呼出；饮水，从嘴中下肚，至丹田，再回升，让气息从鼻腔流出。如此形成气息的回路。最为重要的是，品酒常常采用精确的表达，如余味久长以秒计，盲评可精确到产地酒庄和年份，而品茶重视意境。品茶讲究“和、静、怡、真”四字，这种意境讲究天人合一，讲究阴阳调和，讲究修身养性，以此可参透天地和人生。

品酒和品茶貌似相通，却各有门道。

父亲的茶故事

王洁中

清明过后，友人送了点雨前白茶来。今天我启封尝新，喝着色香味俱佳的茶，脑海里不时浮现出很多和茶有关的往事。

我爱喝茶，而且爱喝浓茶，是受父亲的影响。从小我就看着父亲每天喝茶，儿时的我不知茶滋味，只知道那是父亲每天必不可少的饮品。记得在20世纪50年代末，父亲去温州出差，买回来一只蓝色的瓷器茶杯。那是一只特大的茶杯，口径比一般的茶杯要大得多，而把手又特别纤细。放到现在，这蓝茶杯的品质属于很一般的。但在物资匮乏的年代，蓝茶杯在家里就算很珍贵的东西了。父亲很爱护这只茶杯，每次洗杯子都是小心翼翼的。用这只蓝茶杯泡茶可以放比较多的茶叶，父亲便能畅饮自己喜欢的浓茶。父亲是经济管理专业科班出身的老一辈知识分子。国家实施第一个五年计划和第二个五年计划那会儿，父亲下班回家后晚上经常在书房里加班加点地写材料。母亲总是会为他沏上一杯茶端到写字台上。母亲说，父亲有茶喝，就能提起精神。于是我开始知道了一点茶的功效。父亲说，他是自四岁就开始“捧茶碗”了。这可能是因为祖父是中医世家，知道茶水的保健功效，才让自己的小孩从小喝茶吧。父亲的蓝茶杯陪伴了他很多年，直到后来杯体出现了两道裂纹才停用。收拾老房子时，我没舍得扔掉这蓝茶杯，拿回家留作纪念。

和父亲一起度过的岁月早已远去，很多往事都成了记忆碎片。今天我想起父亲的蓝茶杯，父亲生前很多鲜活的茶生活画面便浮现出来，像放电影似的一幕幕掠过：有炎夏的黄昏父亲下班回到家，喝上母亲掐着点提前为他泡好的茶水时的痛快和过瘾；有父亲退休后，每天坐在藤椅上品一杯茶、读一张报时的悠闲和自得；还有父亲晚年时，我投其所好，送给他两只外观不同的景德镇瓷制大茶杯，他每天早晨用一只杯子泡一杯茶，下午再用另一只杯子泡一杯茶，两杯茶一淡一浓交替着喝的满足和惬意。

回忆起来，父亲的茶故事真是蛮多的。

父亲对泡茶很讲究，有他自己的一套。他专门挑选家里瓶胆内没有积水垢且保温性能好的热水瓶用来装泡茶的开水。如果家里有谁不注意用了那热水瓶的水，他就会跟那个人急。父亲泡茶是分步骤的：通常都是先在杯子里冲半杯水，说是泡“茶头”，等茶叶舒展开来了，再加水，把浮在茶水面上的泡沫和杂质吹掉，留下的便是清澈的茶汤。父亲喝茶还很有创意，他会别出心裁地把两种甚至好几种茶叶混起来泡着喝，我感觉他不仅是为了享受混合茶水丰富的滋味，还在寻求“实验”的乐趣，还有茶水泡好后给到自己的某种舌尖上的新鲜刺激。

父亲的祖籍是徽州，每年春天，我堂哥宏毅都会从老家寄给他一些黄山毛峰的新茶。父亲特别喜欢喝毛峰，说这种茶泡出来的汤汁浓郁，且茶叶经得起泡。我想这也许和他的遗传基因有关系。后来某一年，我先生把熟人送他的一包磐安云峰送去孝敬岳父大人。父亲泡起来一喝便爱上了这茶叶，按照父亲的说法，这款高山茶在原生态的环境里汲取了天地之精华，茶汤充满了生机，味道沁人心脾，喝下回味无穷。从此以后，每年谷雨前托熟人买磐安云峰的新茶就成了我先生的一项重要任务。

母亲去世得早，父亲退休后，我大哥接他去北京养老。父亲在北京一住就是九年。我和大哥视频时，聊到了我正在写父亲的茶故事。大哥说，父亲在北京的慢生活每天都离不开茶……大哥随即摆拍了一张照片发来给我。只见父亲当年运去北京的红木圆茶几上摆放着他用过的茶杯和装茶叶的塑料罐，更让我惊奇的是，还有两袋没拆封过的茶叶——毛峰和云峰。大哥说，一晃二十多年过去了，他一直保存着这两袋父亲当年留下的茶叶。茶几、茶杯、茶罐、茶叶，至今还在默默地讲述着这位爱茶人的茶故事。

父亲晚年心肺功能不好，在出现急性心肌梗死症状后，他觉得自己来日无多，便从北京回到杭州，住在我姐姐家里。姐姐是医生，她和姐夫一起精心照料父亲的饮食起居。父亲安度了他人生最后四年多的岁月。姐姐告诉我，有一年她在富阳新登山里的一位农民朋友送来自家的新茶，父亲品尝后觉得茶味醇厚，很合他的口味。姐姐说父亲让她留这位老农在家里吃饭，他和老农攀谈，从茶聊起，聊得海阔天空，甚是投缘。

父亲走到哪里都离不开茶。我今天电话问及二哥可记得父亲有哪些有趣的茶故事，二哥讲起来滔滔不绝。有意思的是，我所讲述的有关蓝茶杯、热水瓶、泡茶头、黄山毛峰等的往事，二哥都记得清清楚楚。二哥外派新加坡工作多年，曾接父亲去小住过。父亲在新加坡喝茶用的一只宫廷花鸟图纹的茶杯是二哥特意在当地选购的，父亲嫌不够大。后来二哥有一次出差去江西，就托在江西工艺品进出口公司工作的同学买了大号茶杯回来孝敬父亲。二哥一直留着这两只父亲用过的茶杯做纪念。

父亲生活在龙井茶的产地杭州。梅家坞阿龙茶庄是我弟介绍我去买茶叶的地方。我每年都会去买些雨前茶给父亲品尝，爱喝浓茶的他总嫌不够浓。

有一次我去买茶叶，正巧看到阿龙在筛炒好的茶叶。阿龙随手装了一小罐筛下的茶叶末送给我。我回家泡了一杯，感觉茶水香浓得很，就送去给父亲。父亲喝了连声叫好，让我马上再去买。之后好几年，我都会替父亲去买龙井茶叶末。阿龙说这茶叶末其实都是嫩头，本来他是自己留着喝的，遇到我父亲这个“老茶腔”，就只能价廉物美地“割爱”了。可见父亲喝茶很“实在”，他不追求名牌，讲究的是茶叶的内在品质。

父亲的一杯茶泡开后，有半杯是茶叶，他的茶叶用量很大。每年谷雨前，我得给他买足一年的“口粮”。买回来的茶叶不能受潮受热，还要防止串味，从前没有冰箱冷柜，茶叶的储存是个难题。在我小时候，母亲在每年春茶上市前都会买来生石灰块放入“洋油箱”，再垫上牛皮纸，提早做好准备。等茶叶买回来后，她每次都是刻不容缓地把茶叶放进去，盖上盖子密封。我在长兴工作时，有一次去相邻的宜兴买了两口立式陶瓷坛运回杭州，专门给父亲储存茶叶用。因为茶坛容量大，能满足储存的需要，父亲挺满意的。这两口有年头的茶坛如今也保留在我家里，和蓝茶杯一起成了我家的“文物”。我在为两口茶坛拍照时打开坛子，竟然看到了让我感到意外的一幕：坛子里面居然安放着一包黄山毛峰和两包磐安云峰，仔细一瞧，黄山毛峰袋子的左上角还贴着标签，标记着“2001 年”。此外，还有一盒贴着“2003 年新茶”标签的未拆封的西湖龙井和两斤纸包的茶。打开纸包一看，是我当年在阿龙茶庄买的茶叶末。父亲是 2004 年秋天去世的。想到父亲生前茶叶储备如此充足，我心里觉得很是安慰。午后，我把茶叶末倒到花园里茶花树的根部，当作有机肥料。从此以后，当茶花盛开时，我一定会想到父亲的茶故事。

父亲喝了一辈子的茶。身体羸弱、身材清瘦的他活到了八十多岁。他自认为长期喝茶是长寿延年的“秘诀”。我清楚地记得父亲临终那天从昏睡中醒来，弥留之际向我提出想喝磐安云峰。他是喝了我为他泡的那一杯茶后安然离去的。

如今我找出父亲的蓝茶杯，捧在手里，看着那两口茶坛和大哥、二哥发来的照片，睹物思人，仿佛回到从前。

向老师的早茶摊

金柏荣

向老师的早茶摊就摆在杭州太庙遗址公园一个小小的拐角处。早上去公园锻炼或去附近的农贸市场买菜，就能看到向老师的早茶摊。

说是茶摊，其实也就是在一个小水泥墩子上，摆上几只小茶盅或小杯子、一把热水壶，虽简陋，却是整个公园唯一的茶摊，喝茶的就是我们每天打太极拳的这几个人。偶有路人或游客经过，会驻足一探究竟：这是茶，还是酒啊？

向老师不仅是早茶摊的摊主，也是教我们太极拳的老师，初次见向老师是在二十多年前。向我引荐的同学说：“向老师的拳式不曾见过，煞是优美流畅。”当时同学本人已经跟老师学拳小半年了。

向老师比我小十几岁，他从读高中时就开始在城隍山上跟人学陈式太极拳，后来又师从马虹老师。

向老师教拳时原本并不喝茶，突然有天早上他带来了茶盅和茶壶，吆喝大家一起喝茶。时值冬日，运动后有热茶喝，岂不美哉。

我喝向老师的茶，开始时也权当喝来解渴，和喝大碗茶的区别只在于端着小茶盅，看似文雅而已。后来我才知道，向老师是个资深的茶客，他有一朋友经营茶叶和紫砂壶，他经常去那朋友处蹭茶喝，时间久了，便“一失足”掉进茶缸里去了。

向老师教太极拳不收分文，喝茶也是如此，他请我们喝的都是他自家的茶。他每天起床后的第一要务就是烧水泡茶，他也是我们中几乎每天第

一个到公园的人。如果某天向老师来迟了，大家就会不习惯，伸长脖子望向老师来的那条路，嘴里和心里一同犯嘀咕：“今天咋回事儿啊？”外人见状肯定搞不清谁是老师、谁是学生了。

我在喝向老师的茶之前，一年四季喝的都是西湖龙井，因为有了向老师的早茶摊，我们才有幸见识了熟普、生普、老白茶、大红袍等诸多品种的茶。

向老师有很多喝茶的朋友，他们都会送茶给向老师，所以向老师茶摊提供的茶种类多并且都是上好的茶，于是我们就“坐享其成”。

喝茶有益健康，我多年来的健康体魄究竟是得益于茶还是太极拳，我也说不上来。也许茶和太极拳同源于中国的传统文化，我中有你、你中有我，是一脉相连的两个分支。

但有一点可以肯定：茶喝多了，喝久了，那种喝大碗茶的习惯是会慢慢改变的。我们逐渐知道了端起茶盅要先闻闻茶香，然后呷上一小口，细细品味一下茶汤的口感，而后体验回甘如何。这种习惯的改变，大概就是业内人士所说的“喝茶和品茶有所同，有所不同”吧。

都说“铁打的营盘，流水的兵”，其实营盘也并非都是铁打的，更何况兵了。当年在太庙遗址公园有很多打太极拳的人，现在已所剩无几了，取而代之的是一拨又一拨的跳广场舞的人。虽然跟向老师学拳的人，也因身体、年龄、居住地变迁等来来去去，但最终我们第一批学拳的几个人，依然每天坚持练太极、喝茶、天南海北地侃大山。

我们之所以能够坚持下来，向老师的早茶摊功不可没。时间久了，我们几个老学生与向老师更多的是以朋友和兄弟的情分相处，当然，“老师”的称呼是不能变的。我们的关系，恰如那句流行语“相逢是缘”，以拳交友，以茶会友，且行且珍惜。

茶味人生

静　立

记起幼时喝茶，起初感觉茶的味道就如白开水般无味，可是茶里蕴含的那些深厚的情谊，现今再也找寻不到，再也体味不到了。

几十年光景，令人在失去少时清风明月的岁月里长叹，又在没有孩童时和风细雨的日子里怀念。

我会时常暗示自己：回味从前是一种衰老的征兆，因为已经无力面对未来，才会在过往中深恋徘徊。

于是，我习惯性地把曾经的成长痕迹都打包成记忆，扔到另一个自己摸不着的空间维度，任它们在那里飘散成烟。

入夜，我想起陈老师的话：“茶文化是不拘格式、广博包容的。”于是我脑海里关于茶的记忆纷纷飘了出来，一片片地闪现，又一阵阵地浮沉。最远处是那些黑窑瓷碗里的白水稠情，渐渐拉近，就出现了各种茶碗里的不同滋味。脑子里满是围绕着各种茶味、茶色、茶香的记忆，安睡不得，我索性就披衣而起，整理一下思绪，写下这些年在茶水中浸泡出的或清淡或纷杂的茶味人生。

在我记忆深处，幼时的茶如同白开水，而茶碗就是黑色的窑碗。

那就是我记事起的茶——黑窑碗里的白开水一般的茶。

记得我爷爷跟我小姑说：“给成俊（我父亲的名字）把茶倒好，放点白糖凉着。”提起茶，我脑海中就会浮现出黑色的窑碗和冒着热气的开水，还有晚归的父亲和古板的爷爷，以及提着马灯的姐姐和大眼睛的驴。

到了少年时期，我才知道茶不是白开水。

20世纪90年代初我读初中的时候，姐姐带回家一些绿茶，外面用黄皮纸包着，黄皮纸上交叉地系着麻绳。

那时候的村里人大多已经不在家种地，到城市里打工去了。村里的年轻人几乎都出去闯荡了，村子变得空了起来。高高的老榆树纷纷被砍掉了，又种上被叫作“鬼拍手”的白杨树。

好像从那时起，我开始体会到一种叫作“失落”的滋味：到了晚上，村里的月亮下面没有了香甜的榆树味，每家门前冷清得只剩下一片白月光。

记得姐姐过年带回家的绿茶我很不爱喝，喝一口就全吐了，苦涩的味道让我觉得奇怪，不明白城里人为什么喜欢喝这种奇怪的树叶水。姐姐说她爱喝，说我是“老土猫”。后来姐姐嫁给了城里的姐夫，他们都爱喝浓浓的茶，那时候我认为他们都有病，因为只有病人才会喝发苦的汤药。

可是，我终于也远走了他乡，慢慢适应了苦涩的茶味。

似乎从姐姐的那包绿茶开始，我渐渐知道了什么叫作“苦味里有着甘甜”。独自离乡后，我就渐渐习惯了喝发苦发涩的绿茶，那些苦涩的味道，似乎能淡化思乡的情绪。

那时我喝茶总伴随着一种无奈的心境。进入21世纪后，我开始用茶壶喝茶，放上多多的茶叶，最好苦涩到肠胃痉挛。在每次习艺训练后，大腿肿胀得走不了路，最好的办法就是咽下一杯苦涩的茶水，慢慢地觉察回甘或清冽的味道，这样一来，全身肌肉就不会那么疼痛。这时我会发觉，所有对家乡的记忆已经是模糊又遥远的了。

喝茶变成我生活的一部分是从21世纪初开始的。那时我每天都会陪如今已经仙逝的道家师父喝下午茶。师父会讲故事，一壶茶就着几样茶点，一喝就是一下午。而那时，我也完全适应了茶里苦涩的味道，能分辨得出崂山茶和外地茶、山下的茶和山里的茶了。故乡也已经淡化成了一个思维里的词语，激不起我思绪的半点涟漪。我每天陪着师父和师兄们喝茶看经，那时的我已经从苦涩中喝出了淡泊，也喝出了护心的盔甲。

若说世界是简单的，我肯定不同意，因为再极致的淡泊，都充满了百味，就如茶一样。

深情细品故乡茶

肖燕

也许是春天到了，明前茶快要采摘了，远在美国的弟弟在家庭微信群里发出了对茶的感慨，并与我们聊起了茶。他说，最初，他不懂茶，但喜欢喝茶。在国外的这些年，人来人往，无论是朋友还是访客，时常会拎上几盒茶前来，因此他家里从不缺茶。几十年间，他品尝过世界各国不同种类的茶，有英国的、法国的、西班牙的，但喝得最多的仍然是中国的各种好茶，诸如黄山毛峰、洞庭碧螺春、四川竹叶青、武夷山大红袍，还有福建铁观音、云南普洱等。

弟弟说，久而久之，他从对茶一窍不通变得略知一二。但众多的名茶，只是让他享受了不同的茶香和茶味，却难以撬动他的心灵，唯有清香四溢的西湖龙井，让人心醉，是弟弟的最爱。对西湖龙井的这份情结究竟是因茶而生，还是因对家乡、对亲人的眷恋之情而生？弟弟说，后来读到赵朴初老先生《咏茶诗》所言“深情细味故乡茶，莫道云踪不忆家”后，才蓦然醒悟：“茶连情，情寄于茶。”

对于弟弟的这份情结，家人中数我最为了解。父母早年因工作原因，从部队调来杭州，我和弟弟在杭州九溪边长大，虽说不上“土生”，但绝对算得上“土长”。从九溪口到十八涧，直至通往龙井村、杨梅岭村一带，有着大片的茶山。每逢春茶采摘期间，在一垄垄碧绿的茶丛中，随处可见戴着斗笠、背着茶篓的茶农们忙碌的身影。这时节也是我和弟弟及小伙伴们玩得最起劲的时节。我们时而在茶丛里捉迷藏，时而仿效茶农“帮忙”采茶，我们不管嫩芽老叶子胡乱采一通，因而反遭茶农们挥手驱赶。直至现在，我看到这片茶山就有一种特殊的感情，这片茶山陪我们长大，每每在这里，我总能呼吸到不一样的清新空气。

弟弟回忆说，稍长大些后，他便对当地茶农的采摘、炒制茶叶的流程耳濡目染，也会在路边采上少许鲜叶，模仿茶农将鲜叶晾干，然后放入锅中边炒边压，炒八九分钟后出锅，放些时日，便可冲泡。

弟弟说，北方人喜欢花茶，其实少有茶农舍得将好茶制作成花茶，因为再好的茶叶与茉莉花混合一起，就只能闻到茉莉花香，而原汁原味的茶香就荡然无存了，或许喜欢茉莉花茶的人，主要爱的是那股茉莉花香，而非茶香。

弟弟对西湖龙井情有独钟，应该是源于母亲的影响，更是出于对母亲的怀念（我们的父母因年迈已于几年前相继去世）。母亲是北方人，却喜欢喝西湖龙井，每年清明后，她会到茶农处，买几斤龙井茶，喝上一整年。母亲有时也会让我们喝上几口。当时弟弟也就十岁左右，但至今还清晰地记得母亲杯中茶的清澈碧绿和散发出来的缕缕清香，含在嘴里有一丝丝微甜。自此，弟弟幼小的心里留下了对西湖龙井的深刻记忆。

弟弟在美国生活三十多年，家里从不缺西湖龙井，有家人买的，有国内几位医生去美国交流时送的。后来由于疫情，家人不能见、朋友不能聚，弟弟西湖龙井的来源断了，只得去唐人街看看，偶见有商店出售西湖龙井，虽已隔年，但保管得当，一开罐，那股久违的清香扑鼻而来。于是，弟弟匆匆将茶买回家，迫不及待地泡上一杯，品上一口，然后闭上眼睛，细细地回味……

弟弟还记得多年前，曾在美国路过一家茶店，货架上摆满了琳琅满目的茶叶。店主见弟弟在一旁徘徊不定，便邀他喝上一杯。弟弟欣然应允，店主问："喝什么？"弟弟答："龙井。"店主随即沏上一杯上好的龙井奉上。待弟弟喝过几口后，店主问："味道如何？"弟弟答："好茶，但不是西湖龙井。"店主说："这是台湾龙井。"

弟弟说，他虽不能辨别其他品种的茶叶，但西湖龙井那独特的香味和韵味已经深深地烙在了他的灵魂深处。我想，也许这是因为永远抹不去的乡情和亲情吧。

包装不同的茶，色香味也不同

郑重远

经常有茶友和我聊起：大包装的茶和小泡袋装的茶，为何色香味不一样？白茶的散装茶和饼茶的味道为何不一样？

我咨询过岩茶师傅和红茶师傅，也咨询过鼎白工厂的王总，得到相同的说法是：大包装和小泡袋装的茶在存放过程中，变化是不一样的，其色香味确实不同。

我的理解是：把茶当人看，大包装和小泡袋装就如人住大房子和小房

子的区别。大房子空间大，人住着舒服，人多也不会觉得压抑；小房子空间小，拘束，人一多，交流起来会显得嘈杂压抑。

从我们十多年的经验来看，大包装的茶：比如岩茶散装五百克、五千克、十五千克的和二百五十克装的就不一样，二百五十克装的和八克装的也不一样，五千克散装以上的茶不容易密封，保存起来比较困难，一旦打开，空气进入，茶叶的风味很容易发生改变。根据我们的经验，二百五十克装是长期保存最佳的包装，五百克装的茶打开喝和再次密封也较为方便。

八克装的小泡袋茶是近十年流行起来的，喝起来比较方便，但是这种包装的茶风味变化得很慢，我曾喝过 2009 年的八克装岩茶，感觉还有一丝火气，但是五百克装的就没有这个感觉了。所以，大包装的茶比八克装的后期转变要快，药香等各种年份感变化也容易出来。

正山小种红茶也一样，散装的茶转变得又快又好，火气退得快，五克袋装的转化得慢，四五年后还有火气，岁月感不够，层次变化不多。特别是传统烟熏小种红茶更适合散装保存，烟火气容易退去，茶叶的桂圆甜香变化容易出来。

我们慎远茶社的岩茶、红茶的包装重量十一年来几乎是固定不变的，为的就是长期保存后，茶性能够相对稳定。不要说我们很古板，一成不变哦。

再来说说鼎白茶业的白茶。白茶其实是非常需要注意保存条件的，首先要完整密封保存。白茶的包装也分五百克以上的散茶包装和五克袋装。

五克袋装大多数是银针和白牡丹类的白茶。五克装的银针类茶五年左右还可以保持新鲜和香味，但是滋味变化不大，不会有陈香、枣香、草药香等年份变化的香味，有时候还会喝到火气和闷闷的感觉。

大包装存放五年以上的银针或者白牡丹，毫香蜜韵会出来，年份感、层次感明显。但这时的茶会处在一个比较尴尬的时期，不一定好喝。建议大包装的银针和白牡丹在阴凉干燥保存的情况下，七年以上再拆开喝为好。

五克袋装的茶新鲜感的时间会长久点，大约是五年，时间长了，不如大包装的茶陈化得好。

大包装的白茶要看茶的保存环境和条件，有的时间短，有的时间更加长。

尤其是白茶的变化是捉摸不定的，三到十年会处在尴尬期，建议这段时期的白茶别拆开，因为空气进去，转变会加快，年份感或者别的如药香等会少很多。但是要试喝是可以的，如果感觉此刻的茶不太好喝，可马上密封起来继续陈化。

白茶的饼茶也一样，我一直强调白茶的饼茶不要着急喝，贡眉、寿眉存放五年以上再开饼喝，七年以上更好。储存得好，七年以上基本上枣香、药香都会出来，茶汤的柔甜度会增加，白茶的寒性也已转变，黄酮类物质增多，常喝不太会伤胃。

白茶散茶前期（五到十年）转变得慢，后期转变得快。饼茶前三年转化得快，是因为压饼的过程相当于提前两年左右进行了转变。后期转化得慢是由于压饼形状表面的部分已经发生转变了，饼茶内部还是保持着相对新鲜的状态，所以白茶饼茶需要存放十年以上才会有草药香、粽叶香、枣香等好喝的味道。

收藏茶的目的不是不要喝，也不是一定要留给下一代喝，而是人老了，新茶喝不动了，唯有喝喝保存得好的老茶，老茶这个时候变得稳定了，茶叶的年份感、变化的层次感都丰富了。请记住存放得好的老茶真的是很好的保健品，每每喝到，会使人感到全身通透、心神安宁。所以，我建议大家喝老茶，买新茶。

大家一定要了解大包装的茶和小袋装的茶在存放过程中，色香味是不一样的，不要老想抓住茶的新鲜感。随着保存时间长了，茶叶肯定会发生变化，就如人生充满酸甜苦辣，想紧紧抓住青春尾巴，是不可能的，还不如活在当下，面向未来，不要执着。

茶叶收藏的方法和要点

郑重远

一些茶友拿茶来让我品鉴，我发现这些茶没有被收藏好，很心痛。一是心痛这么好的茶叶收藏得不好，可惜了，二是心痛茶友花了这么多钱，浪费了。

因此，我感觉有必要再详细讲讲茶叶收藏的方法和要点。

首先，中国六大类茶中的所有茶都怕潮，都不建议放在一楼，特别是不要在没有架空层的一楼做常温状态的长期保存收藏，也不能放在车库，更不能放在地下室。最好放在二楼以上的房间，但也不能放在顶楼。

其次，因为“茶性淫”，茶容易吸收各种各样异味，所以需要存放在专门的房间或者柜子中。存放茶的地方千万不可有烟、酒、化妆品等各种会产生味道的东西。

最后是温度。存放茶的地方温度不能太高，不要超过三十摄氏度。如遇高温季节，需要开空调进行降温。

慎远茶社出售的青茶（乌龙茶）、红茶、白茶和绿茶，涵盖了中国六大茶类中的四类。

慎远茶社所选择的青茶（乌龙茶）是岩茶，是高温快焙、火吃得很透但没有焦香的茶。经过九年的实践总结，我们的岩茶存放不用复焙，不会返青，适合长期收藏保存。

岩茶保存要求：包装袋一定要密封好，外面再用纸箱包好，用封箱带密封，存放在通风、阴凉、无异味、不潮湿的朝北的房间为佳。

正山小种红茶，产于武夷山桐木关，是红茶的鼻祖。慎远茶社的正山小种红茶产于桐木关海拔八百米以上的山场。经过九年的存放，我们发现此茶越来越醇厚和滑爽，说明红茶也是可以长期保存的。

红茶保存要求：包装物要求密封，未开封过的茶叶更适合存放。存放在通风、阴凉、无异味、不潮湿的北面房间为佳。

福鼎白茶产于白茶发源地之一的福建福鼎，慎远茶社选择的白茶是通过日光萎凋三天、有阳光味道、含水率小于等于 5% 的产品，适合长期保存收藏。

白茶保存要求：白茶属于后氧化茶类，需要密封包装保存在干燥、阴凉、无异味的地方。白毫银针、白牡丹等品种的茶比较娇气，需存放在朝北的房间，室内温度不能超过三十度。经过这些年的收藏实践，我发现白茶要保存好，其实要求很高，温度、湿度、防异味这三者缺一不可。

慎远茶社只出售绿茶中的“皇后”——狮峰龙井。慎远茶社的茶人饮用狮峰龙井二十多年，收藏狮峰龙井十多年，从这些年每年有意常温存放的一些狮峰龙井茶来看，好的绿茶是适合长期保存的，等老了喝喝年轻时保存下来的绿茶，肯定会有颇多感慨。

绿茶保存要求：茶叶在品质优良、包装密封完整的前提下，存放在阴凉、干燥、无异味处为佳，室温在三十摄氏度以内为宜。

黑茶保存要求：普洱茶、藏茶、安化黑茶等饼、砖茶，属于后发酵茶，保存需要一定的温度、湿度、通风度等方面的要求。保存黑茶的地方太冷不行，会影响茶的发酵；太干不行，有益菌在湿度偏低的情况下活性会下降；太湿也不行，茶容易霉变。所以黑茶的仓储条件有特别的要求，保存在干仓、老茶仓为好。

黄茶保存要求：黄茶的保存可以参照绿茶的保存要求。

从个人经验来看，最适宜收藏茶的区域还是我们江南一带。这里四季分明，茶如人，需要感受四季，捕捉天地变化。北方太干，冬天保存场所多用暖气，茶叶存放多年后虽有年代感，但香味走得太快，鲜甘度不够。江南以南的南方太湿，虽然说广东一带适于保存黑茶，但是整体湿度较大，茶容易产生霉变；温度太高，茶的韵味易受影响。

保存茶、收藏茶，需要顺应天时地利。茶乃吸取天地之精华之物，我们存放茶的地方，要和茶的特性相适应，万万不可随意。

天意岩茶画

雨　竹

周日，春雨绵绵，春雷初动，茶友们茶聚丁家山。品茶之余，我们尝试着一种全新的玩茶内容——制作茶画。

我们所用的白瓷茶具玲珑剔透，为茶画提供了极好的背景。

我们先品半部藏茶，这是一种拼配茶。茶汤金黄，入口香醇，回甘长久。茶底柔软如丝绸。

茶画由王金玲同学创意而来，冯同学、徐同学和陈同学共同参与，先摇出图案，然后一起给茶画命名。

茶画不以人的意志为转移，具有随意性、偶然性和不可复制性。将几片茶底投入茶汤中，轻摇杯盏，茶底漂浮，待茶汤稳定，茶底呈现出画面，你便可展开想象的翅膀予以命名，其乐无穷。王金玲同学称之为：“天意茶画。”

我们再品马头岩肉桂，该茶香味霸气，属武夷山正岩产区出产，山场好。其叶底柔软丝滑。品茶毕，我们继续摇杯拼画。

哈哈！品茶之余，茶底还可有如此美妙之用处。茶画可谓茶生活的又一乐趣，必将给爱茶之人带来更多的快乐。

趣味岩茶画

止渊

初识岩茶画，是在王金玲老师创办的微信公众号“茶生活论坛”中一篇题为《岩茶画》的文章。出于好奇，我细细地读完了整篇文章，对信手拈来的岩茶画产生了浓厚的兴趣。

南方的连日阴雨平添了几分阴冷的感觉，令我不自觉地产生了围炉品茗之心。

在繁华的都市里，能约三五好友静心品茗茶叙，乃为天下一大幸事矣。想起有时日未见黎光茶铺的茶友们，我便带上几包今年夏日朋友赴武夷山考察时捎回的岩茶，让茶友们品尝一下来自武夷山正岩山场的岩茶和武夷山地区出产的极品红茶。

黎光茶铺温暖的气息，瞬间赶走了冬日的寒气。一阵寒暄之后，便进入了大家期待的品茗时光。

煮水，温杯，备茶，沏茶。当壶中的正山小种被从高处注入的水流搅动翻腾时，满屋的茶香便弥漫开来，茶未入口先入心，惬意的满足感油然而生，更别提那入口的醇香与甘甜了……

贪念于俗人来说是在所难免的。满足了大家对极品红茶的期待，且一起来评鉴瑞泉茶业出品的岩香妃的妙处。

随着岩香妃浓郁的茶气醍醐灌顶般地融入身体的每一个细胞，冬日阴冷的雾霾被横扫一空，大家都有酣畅淋漓之感。

好茶必有好汤色，好茶也必留好茶底。品茶的妙处不仅在于闻香识茶，还有最有趣

的一个环节，那就是随心随性亦随缘的“岩茶画”。

用镊子随意取两三片茶叶置于盏中，注入茶汤或清水，把盏轻摇，见得茶叶上下缠绵旋转，最终轻落盏底，此时茶底幻化出各种景物，令人赞叹不已。茶之灵性，可见一斑。

茶有墨相

羊吃茶

前几天，喝武夷星茶业所产武夷岩茶之黄观音，茶毕，我不忍离开那清新、清甜的水果奶味茶香，便取了几片茶底摇岩茶画。几经努力，未得满意之作，我便从残茶汤中拣出茶叶，想另选几片再摇。不料，那随手一置的茶叶，在茶碟中形成了如墨笔所写的撇捺状，我心中一悟：茶有墨相，书画同源，何不以茶叶摆字，以尽玩兴。

所谓摆字，即非书写，而人为地摆出字形。当下，选取合适的茶叶，静心专注，多次努力，终于摆出一“茶”字。乐之，再乐之！

该字如儿童习字，刚成型，“墨汁”淋漓，我便发给常一起喝茶的茶友们，求点赞，邀共摆——茶游戏原就是一种茶趣和茶乐，也是茶生活的组成部分。茶友日月君第一个有反馈。第二天，在喝了岩上茶业所产岩茶之白鸡冠后，日月君摆了“岩”“茶”两个字。

日月君近一年多来沉醉于书法，已写得一手漂亮的小楷，故摆出的茶字亦有书法之感。我家先生见之，赞曰：“像行书！”

只见秀丽雅致的笔画中，童年的开心在跳跃，童年的欢乐在飞扬。是因为对儿童时代的回忆，还是童心未泯，所以字由心生，现此顽童之相？

第二个发来作品的是陈明女士。

陈明女士是我的大学同学，作为“文革”后第一批经高考入学的大学生，1978—1982 年，我们一起就读于杭州大学（今浙江大学）历史系。陈明女士现为我的茶友，为人朴实诚恳，做事稳重细心，实际操作能力极强。

早年的官场经历和后来近二十年的商界沉浮，使她摆的字有一种历经人世沧桑的沉稳和厚实感，可谓老而弥坚。

我家先生有一些固定的茶友，每周茶聚，我有时也会参加，于是，陈川先生也成为我的茶友。恰逢茶聚，我便邀陈川先生摆茶字，他欣然应允。茶毕，立即开工，摆出“品”“酒”“茶”三字。

前几年，商界出现了一个名词“儒商”。比照此词，可称陈先生为“儒官”。退休后，经近两年的勤学苦练，陈先生的行楷已渐入书法之境。由此观这三字，方正中飘逸着文人的洒脱，散发着退休后的闲适，且有一种“老骥伏枥，志在千里”之意。陈先生曾在前一日手书“读书写字种花草，听雨观云品酒茶”对联发于群中，以示其退休生活的快乐，后一日又摆“品”“酒”“茶”三个茶字，可见他对这一种退休生活是乐而又乐了。

接着，徐明女士也发来了她的茶摆字作品。

徐明女士也是我的大学同学兼茶友。我的同事曾以“单纯”形容她的个性，而我更愿意将她的个性称为“纯真”。这如儿童般的纯真加上她曾经的记者生涯，使得她常有各种新奇的想法。用炒米茶摆字便是一例。这让我跳出了茶摆字用茶的惯性思维，看到了茶摆字的更多玩法。

徐明女士的第一个“茶”字以炒米茶茶底的茶叶和炒米摆成。因着炒米的进入，与其他“茶”字的文人味相比，这“茶”字就带上了中国传统乡土社会的风情，如一幅民俗画。看见它，我眼前就会出现从前嫁给隔壁村阿牛的阿花，新春时节回娘家，扭着杨柳腰，一扭一扭地走在田间小路上的情景。

徐明女士的第二个“茶”字以炒米茶干茶中的龙井茶摆成。因是干茶，芽叶脆干，摆出的字就有了银钩铁画之感，犹如未经打磨、带着毛刺的铁铸字，令我想起那著名的芜湖铁画。将徐明女士的两个“茶”字放在一起看，就像看到一个俏丽丽的小娘子与一位披着铠甲的赳赳武夫千里来相会。

开心过后，决定要凑十个字，于是，我自己再摆一“禅”字。

禅茶一味，茶禅同道；以禅入茶，以茶学禅。此“禅”字宁静圆融，展现了我六十岁以后的心境。

喝茶有趣，喝茶快乐。想不到用茶来摆字也有这么多趣味与愉悦。大家一起来玩这茶摆字游戏吧！

仲君泡茶

羊吃茶

仲君擅品茶，于今亦成为小有名气的泡茶高手，尤其是泡岩茶，颇得个中之道。岩茶界素有“三个半老师傅出一泡好茶”之说，传统的“三个老师傅”为做青师傅、烘焙师傅、看茶师傅，那“半个师傅”就是泡茶师傅，可见“泡茶”在人们品得好茶中的重要性。观以往有关茶的文章，论茶叶的多，论茶具（尤其是茶壶）的多，论茶俗的多，论品茶的多，而论泡茶，包括泡茶人的则甚少。前几天茶聚，观仲君泡茶，与之谈论泡茶，忽然就想到我还没写过泡茶人，于是，就有了此文。

袁君自福建回浙江后，因浙江会泡岩茶的人少，凡遇茶聚喝岩茶，袁君总是“首席泡手”。他退休后，参与的岩茶茶聚多了，更是被誉为岩茶之“浙江第一泡”。袁君泡岩茶时，仲君在一旁认真观之，听之，回家后勤习之，一年不到就成了“二泡手”。一次茶聚品岩茶之八仙茶，仲君泡出的茶汤苦涩味（清苦味）弱于袁君泡出的，而回甘更醇浓，众人赞曰：“超越了‘浙江第一泡’！”于是，在品饮岩茶的朋友们组建的“岩骨花香”微信群中，仲君升任“首席泡手”，且荣膺“浙江第一泡”之美名。

二

在岩茶界，泡茶的工具素有“岩茶十则”之说，即泡岩茶有十件工具。而在“岩骨花香”微信群，泡岩茶的工具有十一件，多了一件计数器。如围棋比赛时，选手每下一步棋都要按一下计数器，以记录步数般，仲君在泡岩茶时，每出一道汤，也会按一次计数器，以记下该道茶汤为第几道。“岩骨花香”微信群的茶友喝茶十分认真，每款茶品和每道茶汤都会加以品鉴，然后进行比较和评论，而在品评时，难免会因对茶汤道数的记忆差异而大费周章。于是仲君就买了这计数器，每出汤一次，就按计数器一次，保证了出汤道数的准确性，从而提高了对茶叶品质评鉴的可靠性。一日，我参与茶聚，在与邻座交流茶感时，就冲泡次数产生了分歧。就在我说“好像七泡”，她说“好像八泡”的讨论中，一个声音从“泡手”座上坚定地传出：“九泡！”我疑惑地望去，仲君从一旁拿出计数器，望着上面显示的次数，

我陷入了沉默。从此，我认为若要品岩茶，须有“岩茶十一则”。

三

随着泡茶技术的不断提高，在不少茶聚，尤其是岩茶茶聚中，仲君已成为公认的“第一泡手”。而当遇到好茶，泡茶者却泡不出好味时，仲君也会当仁不让地走到泡手座旁，对泡茶者说：“您去喝茶，我来泡。”然后，在对方或尴尬或不知所措的让位中，坦然入座，一展泡茶技艺。若有泡茶者赞其泡茶技艺时，仲君就会笑颜转正色，瞪着大眼严肃地说：“你就是不认真！不认真怎么能泡出好茶？”

四

每次茶聚，凡有岩茶好茶，仲君都会留存茶底，然后带回家煮饮，有时很多好茶其实还未尽其茶韵，回家慢慢煮饮可再饮若干盅。我赞他惜茶，他笑答：“好茶来之不易，遇上不易，自当珍惜。”不过这不仅是出于珍惜，也是出于仲君想更深入地了解茶的愿望：“只有更深入地了解这泡茶，才能更好地泡好这泡茶。是吧？”对他精益求精之精神，我唯有再次赞叹。

五

泡岩茶的规则之一是泡茶者需与喝茶者一起品茶，以准确把握每道茶汤的注水量和出汤时间。仲君爱喝岩茶，擅品岩茶，又长于泡岩茶，可谓一举两得。一日，我与茶友日月君聊起品岩茶之心得。我说，我若下午品岩茶，中午须吃些荤菜，否则会感到饥肠辘辘，乃至晕茶；日月君说，她的经验是最好午餐吃两块红烧肉，下午喝岩茶更觉通体舒泰。仲君闻之，说他若下午不喝岩茶，会睡到上午 10 点多，起床后吃早中饭，再到下午 5 点多，吃个晚饭，一日两餐。若下午要喝岩茶，就要早上八九点起床，吃早饭，到中午 12 点吃午餐；茶聚后，必吃晚餐。所以，在茶聚日，他是一日三餐。茶聚日的午餐，仲君说：“一定要有肉，猪肉、牛肉……只要是肉都可以。中午不吃肉，下午喝了岩茶就要肚子饿的，肚里一饿，心里就会发慌，品茶品不好，泡茶更加泡不好。所以为了泡好茶，中午我也会多吃几块肉。”

高德芝先生的紫砂人生

米马

周末，我应同学邀请前去拱宸桥畔的杭州市运河手工艺活态展示馆参观高德芝先生的紫砂壶作品展。

古老的运河川流不息，运河两岸自古文化底蕴深厚。如今，在拱宸桥西保留了一组千百年来杭州民间手工艺文化的精髓。展示馆内竹编、绸伞、纸扇、叶雕等琳琅满目，高德芝老人的紫砂壶便是其中耀眼的明星。

同学自幼爱好书法、篆刻、手工艺，十年前他开始师从高德芝先生，系统地学习了紫砂制壶技艺。名师出高徒，如今他的作品也一并被展出。

说起高德芝先生，同学充满了敬佩之情，他向我们娓娓道来许多高德芝先生的感人故事。

高德芝先生 1930 年出生于江苏宜兴上袁村（今紫砂村），自幼随母学壶，一生从事陶艺研究并卓有成就。20 世纪 90 年代，被评为“宜兴制壶名家”，并被中国茶叶博物馆聘为“紫砂顾问”。紫砂界泰斗顾景舟曾说：

“德芝弟壶精且少，稀为贵也。”故高德芝先生的艺名为“壶稀”。

紫砂历来以宜兴著称，殊不知杭州也有优质的紫砂矿。杭州紫砂矿源的发现是在1996年，最早发现紫砂矿的地点是在西湖区转塘街道的宋城附近的山里。此后，在千岛湖、青山湖、半山等地均发现优质紫砂矿源。2008年，杭州紫砂送江苏省陶瓷研究所鉴定，结果显示杭州紫砂的各项指标相当于民国后期的宜兴紫砂矿料。

高德芝先生是发现杭州紫砂矿料的有功之人。同学给我们讲述了一则感人的故事：出于一次非常偶然的机会，高德芝先生在杭州半山某个区域发现了紫砂矿石。第二天，高德芝先生立即让家人开车前往，他要再去确认。可惜他不知道那片山的名字，也没有确切的位置，只记得有紫砂矿石的地方附近有座不知名的庙宇。结果，家人陪他在山上转了整整一天也没找到。高德芝先生依然不放弃，专门找了一位家住半山地区的出租车司机，第二次再去半山。功夫不负有心人，根据高德芝先生的描述，熟悉半山地区的出租车司机终于帮助高德芝先生找到了那片有紫砂矿石的区域。

在展厅里，我们看见了坐在轮椅上的高德芝先生。他虽因身患骨质疏松症，已无法自由行走，但仍精神矍铄，在现场指挥工作人员布展。

据说此次展览期间，他依然会在现场免费为市民做紫砂壶鉴定及进行现场制壶演示。

展厅里，高德芝先生制作的紫砂精品精彩纷呈，仿佛他就是为紫砂而生的。他热爱紫砂事业，毕生致力于这件他所热爱的事情。术业有专攻，并且愿意为之倾注毕生心血的人，是意志坚定、坚韧不拔的人，是值得敬重的人。这一件件凝聚着高德芝先生精神的作品，是他的生命之光。

高德芝先生在紫砂窑变工艺及越窑青瓷原始“秘色釉”开发研究上也有开创性的功绩。

高德芝先生至今不顾年高体弱，依然潜心笃志，不断探索、不断创新，他的紫砂人生熠熠生辉。

为杭州紫砂点赞

王晓平

江苏宜兴，古称阳羡，自明朝以来，阳羡的紫砂泥制成的紫砂茶具逐渐崛起，并风靡一时。人言道：“世间珠宝何足取，不如阳羡一丸泥。”好泥出好壶，好壶沏好茶，紫砂产业自此蓬勃兴起，不仅出产了大量贡品茶具，民间的需求也激增。需求促进了行业发展，促使紫砂产业人才辈出，大师云集。紫砂产业也成了江苏宜兴地方特产及支柱产业。只要提起紫砂壶，必定提到江苏宜兴。

1930年出生于宜兴丁山上袁村、现年90多岁的高德芝先生，自小随母亲学制壶补贴家用。因心灵手巧，技艺出众，他十七岁就被民国紫砂名家王寅春收为弟子。他后又去上海进行专业学习，一直从事工业陶土的研发工作并卓有成效，填补了国内多项技术空白，1960年被破格提升为工程师。

高德芝先生认为：宜兴是紫砂壶的发源地，有独特的黄龙山优质矿脉。但在其他地方没有做专业勘探的前提下，说紫砂矿唯宜兴才有，此话实有偏颇。他认为只要有生成矿脉的地理条件，其他地方也一定会存有紫砂矿源。20世纪90年代，矿井时开时关。21世纪初，乱开乱挖极其严重，以致江苏宜兴当地政府于2004年做出了封矿限制开采的决定。

鉴于此，高德芝先生便于20世纪90年代后期，着手在杭州周边地区寻找紫砂矿源。经过十余年翻山越岭的寻觅，上百次的反复比对、实样碾磨、实际制作、电窑烧制，终于找到了上好的紫砂矿料。

一直从事科研工作的高德芝先生，做事十分严谨。他不因为矿料色泽与紫砂矿料相近、含砂丰富、收缩比合理就贸然做出认定。为了判定紫砂的成分比例，他去高校请相关专业人士帮助做化学成分分析，还亲自送样去江苏省陶瓷研究所做专业检测。检测显示其品质被认定为相当于民国后期的宜兴紫砂矿料。此后，消息才正式对外发布。

2011年秋，中国茶叶博物馆还专门为高德芝先生开辟了一个大型展馆。展馆展出了高老收集的各式紫砂矿料实样，以及用这些矿料制作的各式紫砂壶。开幕式上，各级领导、各界人士纷纷前往，不少书画艺术家前来观摩并参与紫砂陶艺活动，雅集盛况空前。为期一个月的展览，也让各地的紫砂爱好者开阔了眼界。当地的新闻媒体也做了大量的报道。

多年来，高德芝先生已在杭州周边地区发现了类似紫砂泥、小红泥、老段泥等多种紫砂矿料。它们不仅外观色泽丰富，而且内在的品质也在反复的比较中得到证实。高德芝先生从市场流通货中选取了几把紫砂壶，在黄梅时节，用同样的茶叶，在同样的数量、同样的水温和水量、同样的温度和湿度条件下，做了定时、定期的跟踪比对。几天后，市场流通货的紫砂壶中，茶叶颜色变黑，茶汤变浑浊，紧接着水面长出白色霉点并迅速扩大蔓延。用杭州紫砂矿料制成的壶在同样的时间内，茶叶还是绿的，茶汤还是清的。高德芝先生说，这就是紫砂壶的功能所在，也是几百年来人们一直推崇紫砂壶的原因。

有人问高德芝先生，那市场上的流通货都是假货吧？高德芝先生听后郑重其事地说，从严格意义上讲，紫砂壶没有假货，但紫砂矿料的含量会有所不同。市场上流通的紫砂壶由几种料配制而成，紫砂矿料含量不足的会靠加化工材料解决，出现如此明显的差异，是所用紫砂矿料不够纯正的缘故，这可能是商家一味迎合市场低价，出于降低成本考虑而为之。总之，价格过低是肯定买不到纯正、优质紫砂壶的。

高德芝先生反复强调，好的紫砂壶，一定要用好的传统工艺来制作，这样做出来的壶，功能完备，透气不漏水，能发茶、溢香，泡出好茶汤来。这样的壶不仅泡出的茶好喝，壶也好养。只要反复冲泡，茶汤的颜色与紫砂的色泽会不断地发生变化。在较短的时间内，你会明显地感觉到茶壶的表面变得越来越光亮，越来越润泽；触摸壶身，手感也会有如玉一般的感觉。

现在高德芝先生制作的杭州紫砂壶，也进入了收藏爱好者的视线，纷纷被收藏家看好并收藏。在高德芝先生的推动下，越来越多的追随者前来探索与研究纯正的杭州紫砂泥。

高德芝先生说，他之所以在这个年纪还不辞辛劳地从事紫砂泥的探索与研究，其目的就是让更多的人认识杭州紫砂，让越来越多的人喜爱用纯正的紫砂壶，让紫砂壶更加深入人心。

古釉新韵，异彩纷呈

王晓平

当G20杭州峰会上的瓷器惊艳世人时，有一位老人却在继续从事着原始青釉的探寻、还原及应用工作。他就是高德芝先生。

青釉是我国使用时间最早、沿用时间最久、烧制地点分布最广的釉种之一。浙江、江西、河南等地已出土了不少商周时期的原始青瓷。唐代以越窑为代表的南方青瓷、宋代的龙泉窑系青瓷，无不是浙江的骄傲。

浙江博物馆陈列的原始瓷，时常让高德芝先生驻足凝视，那些附着在器皿上的浅青、浅蓝、青黄的釉色，一直萦绕在他的脑海中。他深知，这与我国瓷土矿大都含有一定量的铁相一致。从20世纪90

年代起，他就开始寻找杭州紫砂矿料，与此同时，也时刻留意对原始青釉矿料的探寻。

功夫不负有心人。经十多年的辛勤努力，高德芝先生终于在杭州寻得了与民国后期的宜兴紫砂矿料相当的紫砂矿料，并于2011年秋天在中国茶叶博物馆举办了为期一个月的“发现杭州紫砂”的专题展览。在发掘、开拓杭州紫砂的同时，高德芝先生又花费了多年时间觅得原始青釉矿料，并成功还原原始青釉。在此基础上，他反复做温度及烧造条件的研究，烧制出了色彩纷呈的原始青釉瓷，但这些瓷器上的青釉仍保留着原始青釉的特点：绿里带黄，黄中含青；质地稠密，无明显光质；手感柔和，光滑如玉。

为使这种原始青釉得到广泛的使用，高德芝先生不仅在瓷土坯上反复试验，还在紫砂器皿及紫砂壶上做进一步的尝试。据业内行家介绍：宜兴曾有匠人和作坊，尝试用当地的炉均釉作为紫砂壶的装饰，使大众化的紫砂壶从外观上提高了一个档次，曾流行一时。但由于上釉工艺会使紫砂壶失去固有的特点与透气功能，业内争议较大，特别是该釉料中必须添加一些有害的原料，不能使用在餐饮器皿上，故不宜推广。

不断挖掘历史传统工艺为当下服务，是当代匠人的使命。高德芝先生觅得的原始青釉是一种不含有害成分的釉料，同时也属于可在中、高温情况下与紫砂坯料一次烧成的釉料。经反复烧制，他终于找到了最佳的烧结温度，烧出的成品壶在朴素雅致中平添了玲珑之气，把玩之间，犹如温玉在手，心手双畅。

更为神奇的是：这种釉在同一把紫砂壶上，在不同光源的作用下会出现反差极大的奇异色彩变化，五彩缤纷，宝光四射，犹如“秘色釉”。

这一现象让高德芝先生兴奋不已，只因他年事已高，腿脚不便，条件受限，无法进一步深究，高德芝先生期待相关专家学者前来继续共同探讨，给予这一现象科学的解释。

紫砂大师与“茶都”杭州的情结

王晓平

高德芝先生1930年出生在江苏宜兴的上袁村（今紫砂村），从小随母学艺，十八岁就被同村的民国紫砂大家王寅春收为弟子，后一直从事硅酸盐材料的研究并卓有成效。20世纪90年代初，高德芝先生从科技管理的领导岗位退休后，继续回到宜兴紫砂厂从事紫砂壶艺的制作与探索工作，与顾景舟、王石耕、沈汉生、顾绍培等联手创作过“东亚运动会纪念壶”“星光一号壶”“星光二号壶”“万升梅花壶”“世纪千年壶”等，被宜兴市授予“紫砂名家”称号。

高德芝先生的妻子毛氏是杭州人，几个子女也在杭州工作，他退休后便落户杭州。中国茶叶博物馆特聘请高德芝先生为该馆的“紫砂顾问”，并收藏了他的博浪棰壶等紫砂壶作品。

出于对紫砂的钟爱，退休后高德芝先生一直在杭州与宜兴之间来回奔波。随着年龄的增长，在杭州的时间比重也随之增加。20世纪90年代后期，由于一次偶然的机会及职业敏感，他在宋城周边发现了紫砂矿料，于是锲而不舍，追根寻源，终于在杭州多处山区发现了紫砂矿料。经过反复试验，并与浙江大学相关学科的专家认真探讨，取实样送江苏省陶瓷研究所检测鉴定，最终确定该矿料符合紫砂矿基本元素的构成，其泥性与色质相当于民国晚期的宜兴紫砂。

此后，高德芝先生便一发不可收，年复一年地在各处探寻。他不仅让子女开车外出四处寻找，还托熟人、同事，甚至托来家里做保姆的外地阿姨，给他们实样让他们返乡时帮助寻找。一有消息，他便不顾年事已高、腿脚不便，翻山越岭地实地探测，先后在淳安千岛湖、临安青山湖等地发现了优质紫砂矿料。为此，中国茶叶博物馆于2010年10月为八十岁的高德芝先生专门办了为期一个月的“发现杭州紫砂特展”，一时成为“茶都”杭州的一大幸事，从地方到中央的新闻媒体都对此做了追踪报道。

2000年后，杭州运河手工艺活态展示馆开馆，高德芝先生受邀入驻开辟了杭州紫砂专区，一直从事介绍、演示、探索发掘杭州紫砂的工作。2019年到2020年初，杭州手工艺活态馆为高德芝先生举办了“耄耋壶稀紫砂新韵——陶艺家高德芝杭州原矿紫砂精品展”。展出的紫砂矿料就是近两年在杭州城北拱墅区半山地区新发现的优质紫砂矿料，展览中有不少壶就是用该矿料制作而成的。记者采访后感慨道：高德芝先生具有“点土成金”的功夫，没有他的执着追寻，就没有杭州紫砂；没有他的努力开拓、推陈出新，就没有这么多的仰慕者与追随者。经过二十来年的不懈努力，2018年，高德芝先生的杭州紫砂工艺被拱墅区列为非物质文化遗产。

我国的茶叶生产与饮茶方式相生相伴，随着历史的变迁而不断演进。从唐代的煎茶、宋代的点茶到元代及明初向泡茶法的过渡，明代中期以后，散茶取代团茶成为流行品后，进入了泡茶法的兴盛期。泡茶则离不开壶，除了“水是茶之母”后，又有了“壶为茶之父”的说法。

“茶不离壶，壶不离茶”已成为生活中的常态。实践证明：最好的泡茶器皿就是紫砂壶，正如《长物志》中所说，它“既不夺香，又无熟汤气”。于是乎宜兴紫砂壶蓬勃发展了约五百年。紫砂行业的发展、制壶人才的辈出，推动了紫砂壶器型向多姿多彩的方向延伸。随着文人墨客的潜心介入，匠心趣味中更多地融入了丰富的文化艺术内涵。

清代陈鸿寿（号曼声）与杨彭年的合作，使得“曼生十八式”成为紫砂壶中的不朽经典。当代顾景舟与吴湖帆等书画名家的唱和，被称为“千古绝唱”，一刷当今紫砂壶拍卖的标的，成为再创成交价新高的宠儿。

高德芝先生既有深厚的传统功底，也有“师法自然”的创新精神。在杭州的多年生活经历中，他游历了杭州的山山水水，深深地被杭州的美景所吸引，先后制作了一系列杭州题材的壶。2000 年，七十岁的高老设计制作了龙井壶。六边形的井栏壶身，庄重神圣，使人急切想要探寻其内在的神秘；一条腾龙作为壶钮装饰，顿时给人以远古传说的意味和无限的遐想。

杭州西湖有“明珠”之美誉，2006 年，高德芝先生制作了明珠壶。为突出“大珠小珠落玉盘”的效果，壶身为圆形大珠，壶钮则为圆形小珠。浑圆之珠，温润如玉，恰似珍宝与西湖这一“明珠”相契合。恰逢杭州电视台西湖明珠频道的台庆，该壶被选作台庆的珍贵纪念品。为更契合 2006 年这一时间点，高老还将壶嘴改为数字“2”的形状，在壶肩分别加上两个数字“0”，将壶把做成数字“6”的形状，明珠壶自然贴切地加上“2006”，更具有纪念意义。

2014 年是以西泠印社为主要申报单位和传承代表组织的“中国篆刻艺术”成功入选联合国人类非物质文化遗产五周年，八十四岁的高德芝先生设计、制作了中国印壶以示庆贺。此壶为四方壶身，朴质大方，铭以福寿

等文字，颇具篆刻意味，壶钮简洁，浑然一体。此后，他还将中国印壶、龙井壶采用窑变工艺烧制，效果奇特，中国印壶透出铜印般的金属质感，龙井壶在紫砂红与还原黑之间出现了自然的渐变，在原有器物的基础上又多了一道神秘的色彩。

2017 年，高德芝先生以西湖标志性的“三潭印月”创作了一壶、一托、一杯、一盖、一葫芦装饰的套壶，将自己对杭州、对西湖的满腔热爱融入壶中。

2018 年，高德芝先生八十八岁，当听说第十九届亚运会要在杭州举办的消息时，他兴奋不已。说自己虽不一定能亲眼看见亚运会的召开，但这是杭州的一大盛事，于是高德芝先生便着手制作了亚运纪念壶。他以汉字“亚”为壶身造型，先后完成了方、圆等四款形状不一的壶，这组茶于 2019 年在杭州举办的第三届中国国际茶叶博览会上获得特别奖。

高德芝先生发现了杭州紫砂矿源，并不断地探索开拓，潜心制作富有杭州特色的紫砂壶，他已与杭州结下了不解之缘。可以这么说，迄今为止，他是当今紫砂界年龄最高，且最值得敬佩的紫砂大师之一。

幸福圆满壶

王晓平

我和妻子是1982年结的婚，为纪念2022年的“红宝石婚”，我特地制作了幸福圆满壶。

幸福是一种感受，是一个过程，是两个人互敬互爱、互谅互让、相依相伴的过程。如何来表达幸福呢？传统壶式中有葫芦壶，“葫芦”与福禄谐音。我没有选取典型的葫芦壶样式，因福可取，而禄则非我们的追求。

壶身正面是一幅《远山溪流图》。远处高山入云端，右侧为苍松、凉亭，有溪流绕石流出。左侧溪流开阔，溪上一舟，舟上妇人静坐船头，老夫执桨在后，徜徉于溪流之上。壶背面原想刻上自吟的小诗：“携手长桥上，同披宝石霞。任凭吴山风，共沐西子雨。岁月如柳浪，日子玉泉样。愿如九溪水，缓缓依流淌。”但后来还是只用行书铭刻了“愿如九溪水，缓缓依流淌”。

幸福圆满壶的壶嘴高高扬起，有人说“好事不张扬”，但我还是认为：爱与幸福不仅要铭记在心，而且要实实在在地说出来。高高扬起的壶嘴就是在不停地叙说美好的生活。

幸福圆满壶的壶钮是一个写实的葫芦藤形状，仿佛告诉人们这样的幸福是真实可信的。

幸福圆满壶的壶把弯曲，将壶身上下两个圆球联系在一起，仿佛是姻缘，是纽带，是一个不可言说的“秘密”。

幸福圆满壶的形象传神，各部件和谐有致，图画文字表情达意，是我为自己的幸福生活留下的宝贵实物纪念。

中秋壶

王晓平

一年一度的中秋节即将来临，于是我有了做中秋壶的打算。

中秋节是我国重要的传统节日，农历八月十五正处于一年中的丰收时节，秋高气爽的秋季也是一年中最为惬意的季节。中秋节花好月圆，家人团圆时，一定会吃月饼。

月饼象征着中秋佳节的幸福团圆。于是月饼的形状就成了我做壶的基本构想。中秋壶的壶身两侧中央都有“花好月圆”的印文，围绕印文的是环形花瓣，花瓣的外圆如同一轮圆月当空，整个图案表达了“花好月圆”的主题。

中秋壶的壶嘴是一弯新月，与壶身的圆月形成呼应，正如苏轼词中说“月有阴晴圆缺，此事古难全”。

中秋壶的壶底高耸，与壶盖隐约相连，如同一座天宫——广寒宫。宫殿之上的壶钮是一只调皮可爱、向往人间的小白兔。

中秋壶的壶把如扭动身躯的嫦娥，广袖舒展，翩翩起舞，为辛勤劳作的人们、相亲相爱的人们奉上真诚祝福：“但愿人长久，千里共婵娟。”

国庆壶

王晓平

国庆壶是我做的节日系列壶的最后一把，也是我所尝试的将紫砂与印章、壶艺与篆刻艺术融合的一次探索与尝试，尽管成品不尽完美，但表达了我的心声。

国庆节是一个国家的大事。汉字的“国”，特别是繁体的“國”字，外围方正，内涵宏大，国庆壶就以繁体“國”字的字形作为壶身，既有自己的鲜明特色，也与前几款壶有明显的差异。

朋友提供了两枚印章。其一是“巍峨华夏，千秋万岁”，其二是“国裕家康”。这两枚印章的内容，既能抓住国庆的时间节点，又能表达对国家发展的美好祝愿。

有国才有家，家安国自强。家是最小国，国是千万家。只有国家富裕，才会有家庭安康。

一个“中”字形的壶嘴，紧挨着“國”字壶身。良渚文化标志性的玉琮串联在壶把之中。壶钮是仿萧山湘湖跨湖桥遗址出土的独木舟。国庆壶印证着中华文明之舟从远古而来，向着中华民族伟大复兴的未来而去。

中华文明源远流长，不曾中断，虽历史上有潮起潮落，但仍立足于世界文明之林。“巍峨华夏，千秋万岁”是亿万中华儿女发自内心的呐喊，也是亿万中华儿女对祖国真诚的祝福。

后记

陈明

虽然我一直爱好喝茶，但退休前我对茶的相关知识知之甚少。一撮茶叶、一瓶水，我就能从早喝到晚，仿佛喝茶只是生活中不可或缺的机械行为，却从未探究过除龙井茶外的其他茶叶品种及茶的相关知识。退休后，生活节奏慢了下来，对许多以往无暇顾及的生活内容，我开始有兴趣，也有时间问津了。

听说我参加了一期茶艺班的学习，浙江省社会科学院的王金玲研究员便常邀我参加茶聚。王金玲是我杭州大学（今浙江大学）历史系77级的同班同学，她的睿智和博学一向令我十分钦佩，同时，她也是一名对茶有着深入研究的“茶博士”。近年来，她常有“茶生活”方面的著作问世。

近朱者赤，从王金玲研究员那里，我学到了许多有关茶的品种、饮茶技巧方面的知识，听闻了许多有关茶的趣闻。我像个小学生般在茶的世界里获取知识，识茶、饮茶、了解各类茶的前世今生逐渐成为我生活中的一项重要内容。

五年前，董建萍、徐明、冯宇甦等几个有同样爱好的大学同学建了一个微信群，大家开始一起探讨茶知识、去茶叶产地考察、不定期地茶聚并记录下有关茶生活的点点滴滴。随着时间的推移，这个微信群的人员逐渐增加，更多对茶有兴趣的同学和朋友加入其中，包括身居海外的同学和朋友。应王金玲研究员的提议，大家开始为中国社会学会生活方式研究专业委员会的“茶生活论坛”公众号撰稿，并由我担任编辑工作。

众人拾柴火焰高，我们身边的许多同学、朋友和爱茶者也开始关心我们的“茶生活论坛”公众号，各方朋友给予了我们极大的支持和帮助，为我们撰稿，并提出许多建设性的建议和意见。

至本后记写作时间，“茶生活论坛”公众号已发布三百九十余期，收到原创文章百余篇。关注“茶生活论坛”公众号的用户也从几十个发展到如今的几千个。

根据王金玲研究员的筹划，我们将“茶生活论坛”发表过的部分原创文章编成了《茶中漫步》一书，并由浙江工商大学出版社出版。比较遗憾的是，文章作者提供的许多有价值的图片因分辨率不高，达不到出版要求，而未能呈现在书中。尽管如此，《茶中漫步》这本书终于在大家的共同努力下面世了。在此，感谢一直支持我们的诸多茶友和辛勤写作的作者，感谢付出辛勤劳动的出版社编辑。愿大家茶香永随，生活健康、幸福！

2022 年 5 月 12 日